U0344043

曾令秋，男，1978年9月生于广西来宾，壮族。 2003年7月毕业于桂林工学院（现桂林理工大学）艺术设计专业，毕业至今一直在广西职业技术学院艺术设计系从事环境艺术设计专业教学与研究，现为环境艺术设计教研室主任、工艺美术师。曾参与编写了《景观设计与实训》（2009）等教材，公开发表了《论建筑的功能美与形式美》（2007）等学术论文，并参加景观规划设计国家级精品课程建设（2009），主持校园景观文化设计与研究等科研项目。主要设计作品有广西国际渔业休闲基地景观规划设计（2010）、广西职业设计学院茶艺楼建筑与园林景观规划设计（2010）、广西博白中学圣园景观规划设计（2011）、广西职业技术学院室内网球馆建筑与环境景观设计（2012）等。

高职高专室内设计专业"十二五"规划教材

景观手绘表现

LANDSCAPE DRAWING

主　编　曾令秋

副主编　庞　鑫　覃林毅　赵虎群

湖南大学出版社
HUNAN UNIVERSITY
PRESS

内容简介

本书系统介绍了景观手绘表现的画法及技法，主要内容包括走近手绘、透视原理与基本画法、园林景观规划设计元素表现技法、园林景观设计图纸绘制训练、景观手绘表现实战案例等。

本书实用性强，从树木、山石、水景、建筑等单体入手，逐渐展开对园林布局透视效果图的绘制训练，使学生更深一步理解景物的透视关系，便于教与学。可作为高职高专室内设计专业教材，亦可供景观及其他设计专业人员阅读。

图书在版编目（CIP）数据

景观手绘表现 /曾令秋主编. ——长沙：湖南大学出版社，2013.12

（高职高专室内设计专业"十二五"规划教材）

ISBN 978-7-5667-0467-2

Ⅰ.① 景… Ⅱ.① 曾… Ⅲ.① 景观设计 — 绘画技法 — 高等职业教育 — 教材

Ⅳ.① TU986.2

中国版本图书馆CIP数据核字（2013）第225011号

景观手绘表现
Jingguan Shouhui Biaoxian

主　　编：曾令秋

责任编辑：李 由 胡 玥　　　　　　　　责任校对：全 健

责任印制：陈 燕

出版发行：湖南大学出版社

社　　址：湖南·长沙·岳麓山　　　　邮　　编：410082

电　　话：0731-88822559(发行部)，88649149(编辑部)，88821006(出版部)

传　　真：0731-88649312(发行部)，88822264(总编室)

电子邮箱：30231307@qq.com

网　　址：http://www.hnupress.com

印　　装：湖南画中画印刷有限公司

开　　本：787×1092　16K　　　　印张：12.5　　　　字数：300千

版　　次：2013年12月第1版　　　　印次：2013年12月第1次印刷

书　　号：ISBN 978-7-5667-0467-2/J·273

定　　价：58.00元

高职高专室内设计专业"十二五"规划教材

编　委　会

随着生活水平的逐步提高，人们对居住环境的质量和形式要求也越来越多元化，如何培养适应多元化要求的室内设计专业人才，成为高等职业院校室内设计专业发展的首要目标。本系列教材是以首批国家示范性高等职业院校——南宁职业技术学院重点建设的室内设计技术专业建设成果为基础的，联合广西等地实力雄厚的国家示范性高职院校、国家骨干高职院校，组织室内设计专业带头人、骨干教师、企业资深设计师共同编写，为具有校企合作、工学结合等高职特色的室内设计专业课程系列教材。

本系列教材编写根据国内外室内设计专业教育的发展趋势，在教育理念、培养目标、培养模式、课程体系、教学方法、教学手段等方面进行了改革和创新。专业顶层设计的基础是课程改革和创新，课程是培养优秀专业人才的主要载体，而配套的课程教材则是课程教学的核心，是实现"教与学"以及学生自主学习的重要工具。

本系列教材具有以下两个特点：

一、体现"三新"理念

理念新：教材编写上体现了工学结合、校企合作特色，在教学内容中融入国家标准和职业规范，兼顾基础知识及实践技能的运用。

体例新：教材编写以岗位能力实训为本位，以项目实践为主线，注重培养学生的设计思维与创新理念。在总结国家示范性、国家骨干高职院校专业建设、课程改革的基础上，确定编写体例、内容定位并遴选作者。教材注重解决两类使用者的需求——教师"怎样教"和学生"如何学"的问题。

内容新：教材注重知识点与工程项目案例实践过程相结合，既有高职教育的理论深度，又有相关职业的特点。教材在案例导学上遵循学生认知规律，实践项目从小到大、从简到繁，做到国内与国外、现代与传统、大师作品与学生作业、企业典型工程项目案例与个人优秀作品比较与相互借鉴。

二、注重"四结合"

教材内容与岗位特性相结合。各课程教材的知识点以职业岗位特性为基础，将岗位职业能力需求融入各知识点中，通过项目案例、作业实训等多种途径来锤炼学生的职业岗位能力。

教材内容与工程项目相结合。本系列教材以企业实际工程项目为案例，深入浅出地将知识点分解、提炼和输出，便于学生理解和吸收。

　　教材内容与民族地域相结合。本系列教材将民族地域特色和设计元素相融合为知识点，充分体现了民族与现代元素的完美结合。

　　教材内容与大师作品相结合。本系列教材引入国内外设计大师作品，分析其独特之处，并对应不同的知识点，强化学生的设计能力和创新能力。

　　总之，本系列教材既具有理论深度，又具有较强的实践性，能够使学生在实际操作中举一反三、触类旁通，增强学生学习的积极性和主动性，为其就业和职业生涯发展奠定专业基础。

经过几年的艰苦努力，室内设计专业系列教材终于与广大读者见面了。在此，要特别感谢湖南大学出版社为本系列教材的出版所作的贡献。由于编者水平有限，书中难免有疏漏之处，希望老师、同学、设计师和企业界读者指正。

国家级教学名师　二级教授
2013年6月于南宁职业技术学院

目 录

chapter 1

手绘表现概论

Design

1.1

景观手绘表现的作用

20世纪90年代后期，电脑科技迅猛发展，仿佛在一夜之间，所有的园林景观设计师都把绘图笔换成了鼠标。虽然工作效率得到了成倍的提高，但是能融入人的思想感情、艺术底蕴以及设计思维的手绘表现图却被机械、乏味的电脑屏幕及鼠标取代了，设计师的个性表达、创作的韵味消失了。实际上，手绘表现的训练能培养设计师的眼、脑、手的和谐配合以及丰富的造型、想象等创作能力，也就是说设计师想到什么就能画出什么。设计思想是不能被电脑程序取代的，也难于依靠电脑来表达，手绘仍然是设计师思想的重要表现形式，如今变得越来越重要了。

园林景观设计专业快速手绘表现是研究、推敲设计方案和表达自己设计构想的重要语言，也是与客户交流设计方案的主要手段。尤其在激烈竞争的今天，园林景观设计专业快速表现技法是每一位优秀的园林景观设计师必须具备的基本技能。快速的徒手表达与表现能迅速捕捉自己的意念与想法，也同样可以将资料快捷地临摹下来。它比模型制作更快，比工程图更为直观和便捷，其设计和艺术的味道也更浓，是最佳的直观形象的表达方式。因此，在高职高专院校园林景观设计专业中，快速表现技法是一门非常重要的必修课，是培养学生观察能力和创意能力，训练学生表现能力不可缺少的重要环节。这种训练是从徒手能力的培养入手，给学生打下坚实的基础，提高学习者的审美能力、设计能力、表现能力。

1.2

绘图的基本工具

在设计、绘制园林景观手绘表现图之前我们首先要来认识一下绘图所必备的基本工具，以便掌握它们的性能和特点，手绘中运用自如。

（1）曲线板和曲线尺

用来绘制不同曲率半径线的工具。在绘制建筑体、道路、水池、花坛等要素的不规则的形态曲线时，常用曲线板或曲线尺（图1-1）。

（2）模板

根据专业设计时常出现的图形制成的模型尺板称为模板。在绘图时，只需选取所需图形直接进行勾绘，不仅可使设计图样上的相同图形形状统一，而且还可以提高绘图效率（图1-2）。

（3）铅笔

用于勾画场景构图、透视和基本造型的基础描绘工具。铅笔线条不要画得太重，可见即可。这样方便在水性笔或钢笔勾画后，容易用橡皮擦擦掉，又不至于弄脏画面。

（4）钢笔、美工笔

在铅笔稿基础上勾画线条时的主要工具。要选择出水均匀的笔，这样所勾画出来的线条才会比较流畅，快速勾画时也不容易断线。

图1-1 曲线板与曲线尺

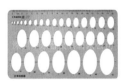
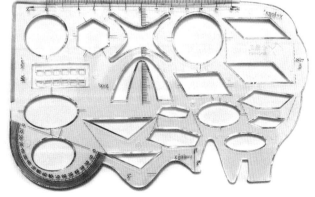

图1-2 模板

（5）彩色铅笔（彩铅）

彩铅比较容易把握，画错了，或者效果不理想时可以用橡皮擦擦掉。绘画时最好选用水溶性的彩铅，水溶性彩铅色彩比较鲜艳，效果比较好，可以调整和统一整个画面效果，弥补马克笔的不足，是手绘表现技法的理想工具之一（图1-3）。

彩铅笔触绘制技法：

①彩铅在绘图过程中大多数是作为辅助工具与马克笔结合使用，在表现图中起到渲染、衬托、丰富和统一色调的作用，在排笔过程中要注意轻重与虚实以及方向性（图1-4）。

图1-3　彩色铅笔

图1-4　彩铅笔触绘制技法

②彩铅与马克笔结合使用，可以弥补马克笔的不足，常起到画面色系冷暖过渡的调和作用，达到丰富画面层次的效果（图1-5）。

（6）马克笔

马克笔笔头有大小两端，可以根据绘画面的大小来选择笔头，而且色彩丰富，有多个色系，如灰（包括暖灰和冷灰）、红、黄、蓝等。它在快速用笔时能出现虚实变化而且色彩透明，但覆盖性能很差，所以在绘画时要尽量一笔概括而成（图1-6）。

图1-5 彩铅与马克笔的笔触表现

图1-6 马克笔

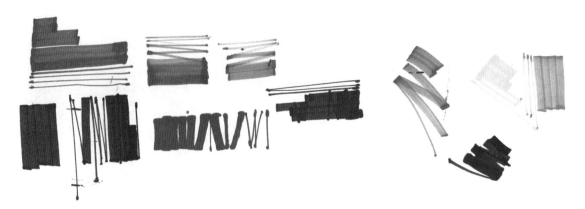

图1-7　马克笔笔触绘制技法

马克笔笔触绘制技法：笔触排列尽量要均匀、快速，一笔带过、用力一致。表现的物体不同，用笔也不同。另外，马克笔由于受自身条件的限制，一旦落笔就不能涂改，所以落笔时要心中有数，充分发挥笔头宽窄面的特点，灵活运用（图1-7）。

（7）涂改笔

主要用于后期表现"高光"、"灯光"、不锈钢、玻璃、大理石等材质的反光效果，尽量少用，但恰当的运用可以使画面达到画龙点睛的效果（图1-8）。

（8）纸张

最好用80克厚度的A3、A4复印纸，也可用素描纸。

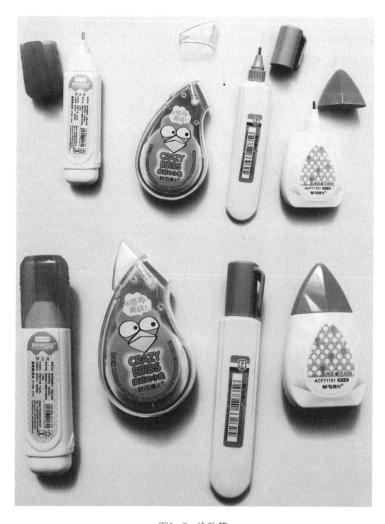

图1-8　涂改笔

1.3

按圜图标与线型

1.3.1　图面方位

　　图面方位一般用指北针或风玫瑰表示，在绘制平面图前首先要确定图面的方位，一般常用的方法是先确定上北下南方位，考虑界域图形在图面上摆放的位置是否合适，然后按照此方位画出界域图形。但要注意的是，平面图上一定要画出指北针或风玫瑰。

（1）风玫瑰

　　风玫瑰也叫风向频率玫瑰图，它是根据某一地区多年平均统计的各地方风向和风速的百分数

值，并按一定比例绘制，一般多用8个或16个罗盘方位表示，由于该图的形状类似玫瑰花朵，故名"风玫瑰"。在城市规划、大型园林景观规划等设计中可以根据风玫瑰图正确确定大型易燃、可燃气体和材料堆放场的位置，防止有害气体等对周围环境的影响，因此在规划设计中广泛应用，也是有关部门进行图纸审核的一个重要环节。

　　如图1-9所示，左图中①大于②，①为主导风向，②为最小风频；外面到中心的距离较大

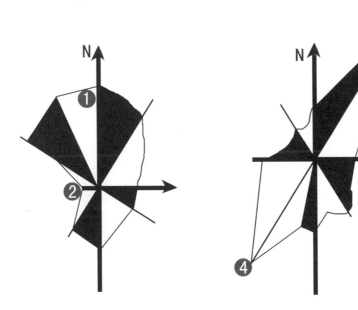

图1-9　风玫瑰

图1-10 指北针

刘老板别墅庭院景观规划图

图1-11 景观规划设计图例

为当地主导风向,如其主导风向相反,则为季风风向。如右图中,其主导风向为东北—西南风向。风玫瑰上的"N"指示北方,因此,风玫瑰也有指北针的作用。

(2)指北针

目前有些设计者为使指北针的造型丰富、别致,所画的指北针的形状都不一样,五花八门,很不统一,但是都能起到指北的作用,因此都可以使用(图1-10、图1-11)。

国家统一标准的指北针是用细实线绘制的,圆的直径为24mm,尾部宽度为3mm,尖端部位要写"北"或"N"(图1-12)。

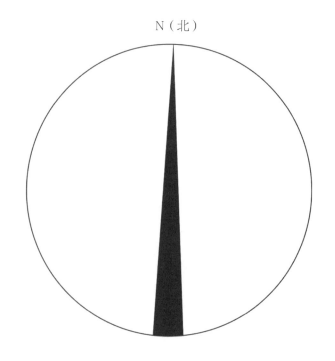

N(北)

图1-12 国家统一标准的指北针

1.3.2 绘图工具线

在园林景观绘图中，有各种各样的线条存在，不同的线条有其不同的用途。在绘制工具线条时，要注意线条的使用规定。线条的粗细、宽度、形状的变化都反映出不同的内容，也能体现出统一与变化、对比与调和、节奏与韵律、主次与重点等艺术表现效果（表1-1）。

表1-1 绘图工具线列表

名称		线型	宽度	用途
实线	粗	——————	1b	1.剖面图中截面轮廓线。2.建筑立面图中外轮廓线。3.平面图中建筑物外轮廓线。
	中	————	0.5b	1.建筑平面、立面、剖面图中一般构配件的轮廓线。2.平面图中道路、桥涵、围墙及其他设施的可见轮廓线和区域分界线。3.尺寸的起止符号。
	细	————	0.25b	1.平面图中人行道、排水沟、草地、花坛等边缘轮廓线。2.地形等高线、水面等深线。3.图例线、索引符号、尺寸界线、引出线、标高符号图形、对称线。
虚线	粗	- - - - - - -	1b	1.建筑物不可见轮廓线。2.图中辅助图形线。3.图中主要人行流线。
	中	- - - - - - - -	0.5b	1.一般不可见轮廓线。2.平面图中计划扩建建筑物、铁路、道路、桥涵、围墙及其他设施的轮廓线。
	细	··············	0.25b	1.图中次要的辅助图线。2.地形高程标注线。
点画线	粗	-·-·-·-·-	1b	—
	中	-·-·-·-·-·	0.5b	土方挖掘区的零点线
	细	·············	0.25b	分水线、中心线、对称线、定位轴线
折断线		‾‾‾\/‾‾‾	0.25b	断开界线
波浪线		～～～～	0.25b	断开界线

1.4

造型线条的练习方法

线条是手绘的重要造型手段，看似简单的线条，在轻重、虚实、曲直、疏密间变化无穷，表现出丰富的画面关系，让线条的魅力在自然、流畅、稳定、飘逸中得以轻松展现。线条的练习过程是十分乏味的，要不厌其烦地反复练习，边画边总结。有"量"的积累，才会有"质"的提升。想画好手绘，线条是必须要过的第一关，而方法只有一种，那就是勤加练习。

线条手绘首先要掌握正确的方法，才能事半功倍。刚开始画线条的时候手总是很"紧"，画出的线条非常生硬，在练习过程中要注意用笔的方式，"起笔"、"运笔"、"收笔"的动作，以及手、腕、肘的运动配合，经过一段时间的练习，就会逐渐地顺畅和自如了。线条包括横直线、竖直线、曲线、波纹线、斜线等类型，不同类型的线条表现出不同的感情色彩，在练习中要注意体会并培养这种情感。另外，由于所建造物体的材质包括光滑、粗糙、柔软、坚硬等不同的质感，用线条去表现这些质感的时候要注意加以区分（图1-13）。

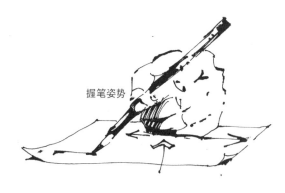

握笔姿势

只运动手指：线条的长短有限

只运动手腕：注意线条会出现不由你控制的弯曲

各支点自由运动：容易画出各种变化丰富的线条

只运动肘和肩膀：注意线条的方向由你控制，线条容易画直

图1-13　手绘线条练习

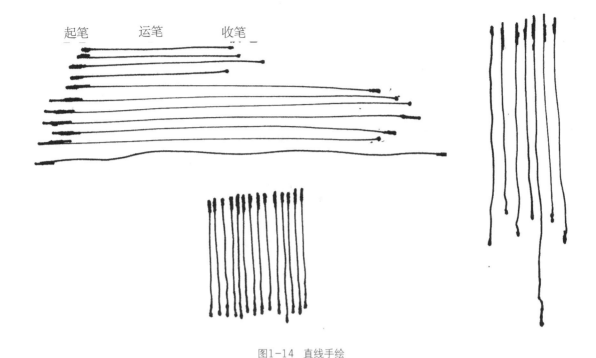

起笔　　　运笔　　　收笔

图1-14　直线手绘

（1）直线、竖直线

　　要注意起笔、运笔、收笔这三个过程，而且要有快慢、轻重的变化，线要画得刚劲有力，不要飘忽，画线的长短时要做到心中有数，收放自如，切勿乱画。另外，画直线时不要怕画不直，手绘表现所要求的"直"并不是像用尺子画出来的那样，而是感觉大体上的"直"，方向直，平直有力即可，画垂线也是一样的道理（图1-14）。

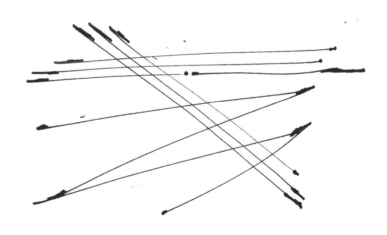

图1-15　斜线手绘

（2）倾斜线

　　要目测好斜线的方向、角度等，其特点是刚劲、富有张力（图1-15）。

（3）波纹线、曲线

　　其特点是优美、浪漫。画时要注意：第一，手腕以及指关节要放松，线条才会变化自然。第二，

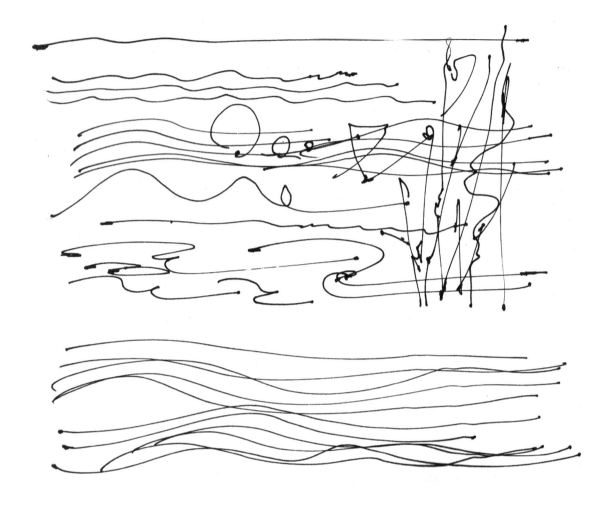

图1-16 曲线手绘

不要犹豫，不要停顿，歪了不要紧，要确保线条流畅。第三，注意笔触，曲线本就有"飘逸、轻柔"的情感特征，不要太用力（图1-16）。

课 后 作 业 与 练 习

（1）收集各种手绘效果图表现技法以及图片，分析了解其笔触效果。

（2）熟练掌握马克笔、彩铅等绘图工具的用法，并反复练习各种笔触效果。

（3）反复绘制各种线条，并掌握线条的规律，达到顺畅、随心所欲的效果。

1.5

构图形式

设计师一般为了表现所设计的主题思想和美感效果，在一定的空间内根据自己的主观意识视觉和所表现物体的关系和位置，把个别或局部的形象组成艺术的整体，使整个画面看起来不仅能充分地表现设计意图，而且具有丰富的艺术欣赏内容与价值。在设计表现中常见的构图形式有：

（1）水平式

这种构图形式一般视平线比较低，能给人安静、平稳的感觉（图1-17）。

图1-17　水平式构图

（2）垂直式

　　这种构图形式一般用在层高比较高的楼房或景观建筑等空间环境表现中，能给人严肃、端庄的感觉（图1-18）。

图1-18　垂直式构图

（3）曲线式

这种构图能使画面产生活泼且具有变化的视觉效果（图1-19）。

（4）辐射式

这种构图一般使用一点透视的原理绘制，能使画面具有纵深感（图1-20）。

图1-19　曲线式构图

图1-20　辐射式构图

（5）中心式

这种构图形式主体突出，具有较强的视觉冲击力（图1-21）。

图1-21　中心式构图

课后作业与练习

收集各种构图形式的手绘效果图并对其进行分析总结。

透视原理与基本画法

　　所谓透视，就是现实世界在我们的视觉中，发生了近大远小、近高远低、近宽远窄、近清楚远模糊等变化，产生了压缩与变形（图2-1）。根据运用透视法则的作用不同，比如风景画或国画、工艺美术设计、建筑、景观以及室内设计效果图等，又可将它分为艺用透视与设计透视。

图2-1　透视效果

2.1

艺用透视

艺用透视可以分为艺用平行一点透视和艺用平行两点透视，主要是应用于绘画，表达绘画者对景物立体与空间的感受。它以人的眼睛和心灵为中心，以人的主观意识来确定物体的消失点、大小和距离等等。它的随意性比较强，重在主观上，但是也要遵循透视的一般客观规律。

2.1.1　艺用平行一点透视的一般规律和画法

作画者正对着画面，画面物体的重心高度垂直于基面（也就是地面），物体的水平线要平行于基面，物体所有的纵线消失于心点（或消失点），至于物体的大小、位置、高度等虽然也要大体按照客观物体来确定，但是有些部分也可以根据作画者的主观意识和对画面所表达的意境去确定（图2-2）。

图2-2　艺用透视

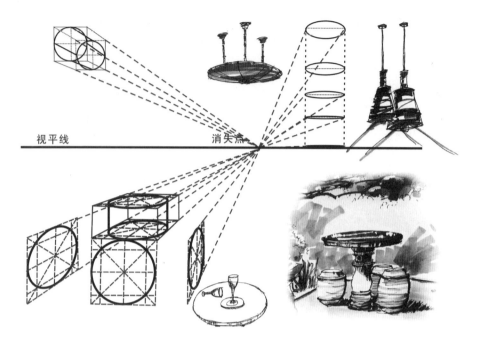

图2-3　艺用平行一点透视圆形物体画法示意图

（1）艺用平行一点透视圆形物体的画法和规律

　　利用一点平行透视把两端圆面放在正方形透视图内，再做正方形的对角交叉线和四边等分十字线，用弧线将各点连接画成。圆柱形物体的透视圆面，前半圆大于后半圆。圆面与视平面同高时，圆面就成了一条直线。视平线以上看到圆柱底圆，视平线以下看到圆柱顶圆（图2-3）。

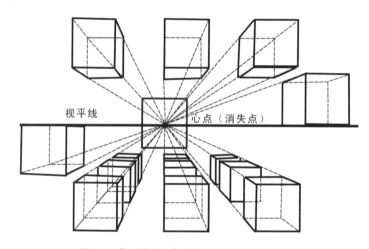

图2-4　艺用平行一点透视方形物体画法示意图

（2）艺用平行一点透视方形物体的画法和规律

　　①在视平线和视中线上的方体，能看到两个面，离开视平线和视中线上的方体能看到三个面，处在心点时只能看到一个面。

　　②方体的侧面，距离中线越近越窄，距离中线越远越宽，它的侧面和顶、底两面处在视平线和视中线时，则成为一条直线。

　　③视平线以下的方体，近低远高，看不见底面。视平线以上的方体，近高远低，看不见顶面。

　　④方体都是近大远小，消失于心点（图2-4、图2-5）。

图2-5 艺用平行一点透视景观设计图

2.1.2 艺用平行两点透视的画法和规律

（1）方形物体的画法

①定好视平线和角度以及消失点。

②先画距离作画者最近的这块方形，注意所要画的物体长和宽的比例。

③物体的高度线都要垂直于视平线。

④物体的外形线（纵线）都要消失于各自的消失点，得出物体的大致外框。

⑤物体的整体外形方框定好后，对物体的细部进行刻画（图2-6）。

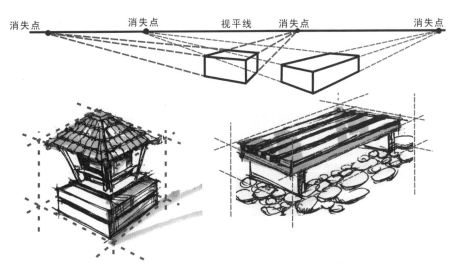

图2-6 艺用两点透视方形物体画法示意图

（2）圆柱形物体的画法

　　圆柱形物体的两点透视，前半圆大于后半圆。在画圆柱形物体的时候，初学者可以先画个正方体，然后把它按透视进行四等分，得到圆柱形体，再对圆柱形物体进行刻画（图2-7）。

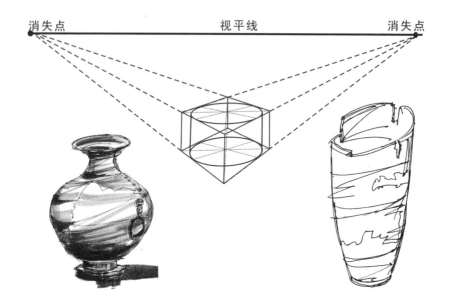

图2-7 艺用两点透视圆形物体画法示意图

课 后 作 业 与 练 习

　　（1）收集各种艺用透视手绘效果图并分析其透视关系。

　　（2）熟练掌握艺用透视的画法和规律。

　　（3）根据透视原理和画法绘制10个以上园林景观单体，临摹3张以上整体效果图。

2.2

设计透视

2.2.1 设计透视的概念与分类

设计透视在描画对象时凭借准确的数据来计算所描绘景物的空间视觉规律，根据一定的法则来确定物象的消失点、心点，它所表达的内容是建筑物以及所设计对象的内、外三度空间。园林景观规划设计要检验图纸与建成后的效果，就必须通过透视图准确表达出来，但在绘画方面着重表达意境时就不使用这样严格的透视。设计透视的准确性与绘画的生动可变性是有矛盾的，包括错视反映，所以绘画有时候得通过舍形取神而达到目的。然而，透视作为一种科学的、准确的造型方法，对园林、景观、器物产品、商品设计的表现图却不能偏离透视或违反透视的规律及准确性。设计透视最大的优点是，只要按照正确的步骤与方法，透视就不会发生错误，能轻松准确地把所要表现的内容表现出来，这样最适合初学者学习。

常用的设计透视一般可分为一点透视、两点透视、一点倾斜透视和两点倾斜透视。

2.2.2 一点透视

（1）一点透视的概念

一点透视是最常用的透视形式，可以叫做一点平行透视，是最基本的作图方式之一。当我们站在一条笔直的路上，向路的远方眺望时，会发现左右两侧树木的大小、高低在视觉上均有变化，呈现近大远小、近高远低的现象，但是它们的实际大小和高低几乎都是相等的，没有实质的变化。路两边的物体均向视点慢慢变小。路的两边继续向前延伸，便汇集到一个点上，这个点就是消失点。这种在画面上聚集消失点的透视现象就叫一点透视。

（2）一点透视的规律与特征

①只有一个心点（或消失点）和一个测点。

②所有物体的高度都要垂直于画面（即基线上，高度可以直接在实际高度上量取）。

③向前看所有物体的厚度或宽度都要平行于基线。

④所有与空间进深（即向前看，物体的长度）平行的物体的长度都消失于心点（消失点）（图2-8）。

图2-8　园林景观的一点透视画法

（3）一点透视的画法与步骤

①确定视角方向。选择适当的比例画出所要表现空间的前立面，AB是空间的长或宽，AC是空间的高度，建立视平线（视平线的高低由绘图的需要来定）与基线的关系，找准心点O（消失点），用虚线连接透视线。

②找出测点M。测点M有测量的作用，空间和空间中所有物体的长和宽在基线量出，然后经过测点M，就可以准确地得出空间和物体在透视图中的尺寸。找M的方法，即在视平线上从心点出发往距离框边线最近的方向，在视平线与框边线相交的D点起量出1.5厘米范围内定测点M。

③求物体进深尺寸。在基线上取尺寸，经过测点M再画直线与AO交于一点，就得出物体的进深，求另外一边的物体进深，只需经过这点作平行于基线的直线交于BO即可。

④求物体宽度。直接在基线上量取尺寸点，连接点与O（消失点）即得出宽度（图2-9、图2-10）。

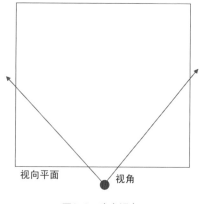

图2-9　确定视角

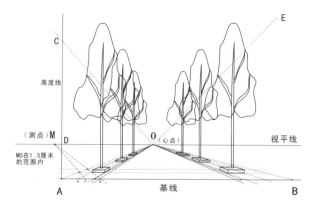

图2-10　与心点的连接

（4）点透视原理绘制所要的效果图

根据一点透视原理绘制所要的效果图（图2-11～图2-13）。

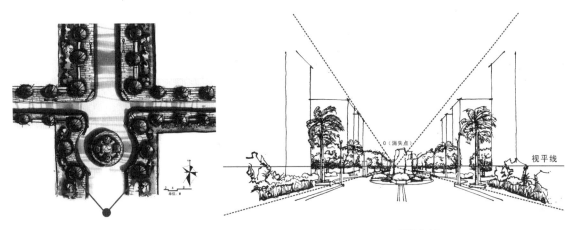

图2-11 平面图与视角确定　　　　　　　　　　　图2-12 透视分析

图2-13 最终效果

课 后 作 业 与 练 习

（1）收集各种一点透视手绘效果图并分析其透视关系。

（2）熟练掌握透视的画法和规律。

（3）根据透视原理和画法绘制10个以上园林景观单体，临摹3张整体效果图。

2.2.3　两点透视

（1）两点透视的概念

两点透视也叫成角设计透视，当平放在水平基面上的立方体，与垂直基面的画面构成一定的夹角关系时（不包括0°、90°、180°角，这样的立方体与画面构成的一点透视即平行透视），称之为两点透视（即成角透视）。

（2）两点透视的规律与特征

①有左右两个消失点和左右两个测点都分别分布在心点的左右视平线上。

②所有高度都垂直于画面（即基线上），所有物体的高度都在实际高度上量取，然后通过消失点得出其他透视图上的高度。

③凡是左边平行于左边的物体的长度都消失于右消失点（长度在左边的基线上量取）。

④凡是右边平行于右边的物体的长度都消失于左消失点（长度在右边的基线上量取）。

（3）两点透视的画法与步骤

①假设有两个截面EB和GC都是透明的，站在这两个透明截面相交的角线上的一点向对面的角度看，并从该角线着手建立视平线（视平线的高低由绘图的需要来定）与基线的关系。

②确定心点O，量出空间高度，在视平线上找左、右的消失点，左边的消失点从心点O出发往左，量出大于1.3AB距离（大的范围在1~2cm），定出消失点V1，同样道理，以大于1.3BC的距离（大的范围在1~2cm）往右定出消失点V2。

③找出左右测点M，从心点O出发往左，以小于AB的距离定出测点M1，同样道理，往右以小于BC的距离定出测点M2。

④左右消失点V1、V2，左右测点M1、M2的关系建立之后便可以将各透视线连接，然后绘出该建筑空间的两点透视图（图2-14、图2-15）。

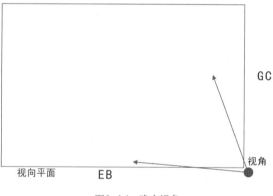

图2-14　确定视角

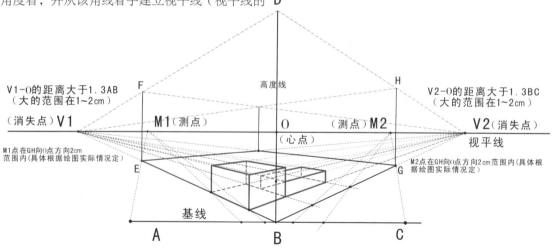

图2-15　向两个消失点绘制

（4）两点透视效果图

根据两点透视原理我们就可以绘制出所要的效果图（图2-16～图2-18）。

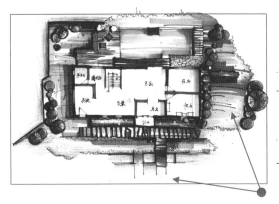

图2-16　平面图与视角确定

图2-17　透视分析

图2-18　最终效果

课 后 作 业 与 练 习

（1）收集各种两点透视手绘效果图并分析其透视关系。

（2）熟练掌握透视的画法和规律。

（3）根据透视原理和画法临摹绘制5张整体效果图。

2.2.4　倾斜透视

（1）倾斜透视的基本概念和规律

凡是一个平面与水平面成一边高一边低的情况时，如屋顶、楼梯、斜塔等，这种与水平面成倾斜状的平面表现在画面时称为倾斜透视。它分为向下倾斜和向上倾斜两种。凡是近高远低的叫做向下倾斜，凡是近低远高的叫做向上倾斜。它们有各自的消失点。向上斜的消失线都消失在视平线上方叫做天点。向下斜的消失线都消失在视平线下方叫做地点。倾斜透视一般分为一点倾斜透视和两点倾斜透视。绘制倾斜透视效果图时首先要注意天点与地点的位置设定。总而言之：

天点：就是近低远高的倾斜物体，消失在视平线以上的点。

地点：就是近高远低的倾斜物体，消失在视平线以下的点。

测线：主要是测量物体的高度，其点的连线消失于相应的消失点。

（2）倾斜透视表现方法

一点倾斜透视的天点和地点都在心点（消失点）的垂直线上，测线定在B或C点都可以，测线有测量所要画的物体的高度等作用。具体的绘图步骤：

①定好视平线和心点（消失点），并过心点作垂线（垂直于视平线）定好天点或地点。

②定好楼梯的宽度和所在图中的位置的线段BC，分别过B、C点作心点O和天点A连接线，就得出楼梯在画面中的倾斜度（向上或向下）和消失方向。

③过点C作测线，测线垂直于视平线，在测线上量好楼梯的高度和阶梯的高度的点，分别作这些点和心点O的连线，这些连线交于AC上的点，就是阶梯在透视图中的高度。

④绘制楼梯的细部，楼梯所有的高度都垂直于视平线，所有的宽度线（横线）都平行于视平线，所有的纵线都消失于心点O（图2-19~图2-21）。

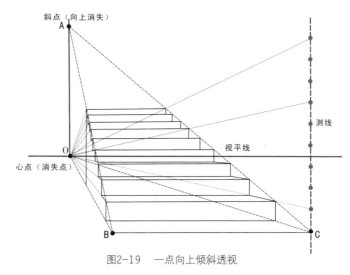

图2-19　一点向上倾斜透视

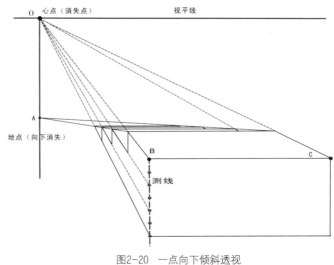

图2-20　一点向下倾斜透视

图2-21　一点向上倾斜透视表现效果

两点倾斜透视的天点和地点都在消失点1的垂直线上，测线定在B或C点都可以，测线有测量所要画的物体的高度等作用。以楼梯画法为例，具体的绘图步骤如下：

①定好视平线和消失点1、消失点2，并过消失点1作垂线（垂直于视平线）定好天点或地点。

②定好楼梯的宽度和所在图中的位置的线段BC，分别过B、C点作消失点1和天点或地点A连接线，就得出楼梯在画面中的倾斜度（向上或向下）和消失方向。

③过点C作测线，测线垂直于视平线，在测线上量好楼梯的高度和阶梯的高度的点，分别作这些点和消失点1的连线，这些连线交于AC上的点，就是阶梯在透视图中的高度。

④绘制楼梯的细部，楼梯所有的高度都垂直于视平线，所有的横线与纵线都分别消失于消失点1和消失点2（图2-22、图2-23）。

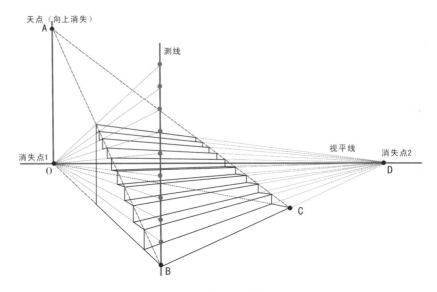

图2-22 两点向上倾斜透视

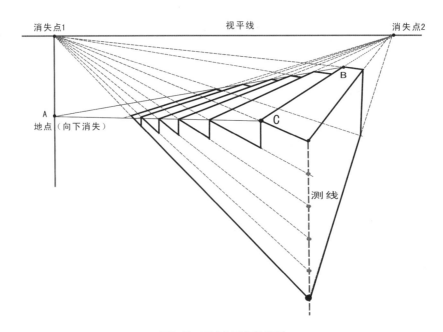

图2-23 两点向下倾斜透视

课后作业与练习

（1）收集各种倾斜透视手绘效果图并分析其透视关系。

（2）熟练掌握透视的画法和规律。

（3）根据透视原理和画法临摹绘制8张以上单体或整体效果图。

园林景观规划设计手绘表现技法

Design

园林景观方案规划设计手绘表现内容基本包括平面布置图、立面图、剖面图、局部透视效果图、鸟瞰图等。在学习园林景观手绘时，我们一般可先从单体元素的平面、透视图等表现开始，从简单到复杂、从单一到多样进行反复训练，并通过多方面收集相关资料，进行大量的临摹，当练习达到一定水平后再进行实景写生。只有进行大量的、不厌其烦的"临摹—写生—再临摹—再写生……创作"的练习过程，才能获得手绘表现"得心应手"的经验和技能，在以后的方案设计表现中才能"随心所欲"，简洁、生动、概括地表现出丰富的设计构思。除此之外，没有捷径。

园林景观规划设计的元素包括植物（乔木、灌木、绿篱、草坪等）、景石、水、亭、花廊架、道路及景观设施等。

3.1

植物的手绘表现技法

在手绘表现图中，一般根据植物的高度，可以分为乔木、灌木（包括绿篱）和草地（花草和草坪）三类（图3-1）。

图3-1　乔木、灌木与草地

3.1.1　乔木

在园林景观设计中，乔木是植物中最高的，表现时要注意其轮廓、叶型以及枝干分布规律。

（1）乔木的平面手绘表现

乔木平面的手绘表现，根据其形态大致可分为四个类型：轮廓型、分枝型、枝叶型、写实

型。一般都是以圆形为基础，进一步刻画乔木的树形。

①轮廓型。用圆形表示，只用线条勾勒出轮廓。线条可粗可细，轮廓可光滑也可带有缺口或尖突。在圆形基础上又可以衍生出光滑圆形、缺

口叶形、尖刺形等，用马克笔或彩铅上色后，色彩明暗对比强烈（图3-2）。

②分枝型。用线条表示枝干的分叉。在树木平面中只用线条的组合表示树枝或枝干的分权。通常只使用美工笔、马克笔、彩铅、涂改笔进行绘制，绘制的效果明暗对比强烈，主体造型突出（图3-3）。

③枝叶型。用组合线表示枝干，用轮廓线表示冠叶，在树木平面中既表示分枝又表示冠叶，树冠可用轮廓表示，也可用质感表示。这种类型可以看做是其他几种类型的组合，绘制的效果色彩搭配丰富，造型突出（图3-4）。

④写实型。用线条变化组合表示冠叶的质感，绘制时通过钢笔线条粗细结合，突出效果和质感，呈现出植物的优美形态（图3-5）。

乔木的平面图是树叶和树冠的形状进行抽象以及简化而成的图例，按乔木叶形和叶子随着季节变化保持常绿或落叶的类型来划分，大致可分为针叶（常绿和落叶）、阔叶（常绿和落叶）两种类型，叶面线条曲直、粗细结合，具有很强的艺术效果（图3-6~图3-8）。

投影（也就是常说的阴影）对乔木的平面表现比较重要，它能使整个画面产生一定立体感。在绘制时首先要确定阳光（光线）照射的方向，按照反方向并根据乔木树形、大小来确

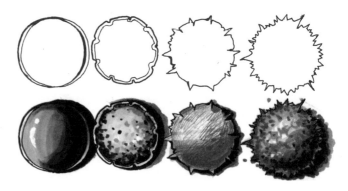

图3-2　乔木的平面轮廓型画法

图3-3　植物的分枝型画法

图3-4　植物的枝叶型画法

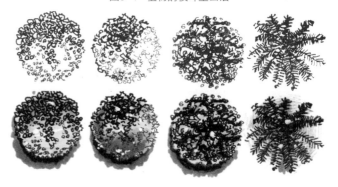

图3-5　植物的写实型画法

定投影的范围，离光源最近的地方最暗，离光源越远，暗部表现越虚化。绘制时，主要通过马克笔的不同笔触来表达投影虚化过渡的视觉效果（图3-9、图3-10）。

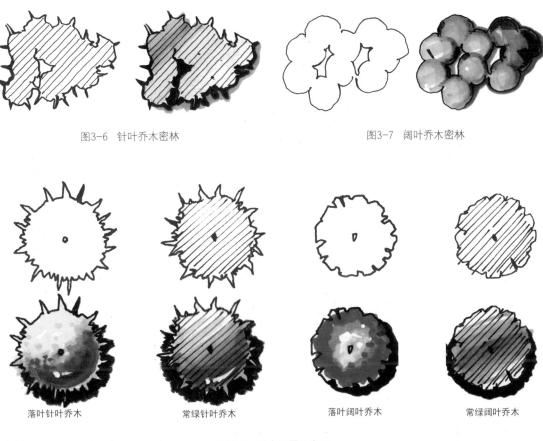

图3-6 针叶乔木密林   图3-7 阔叶乔木密林

落叶针叶乔木   常绿针叶乔木   落叶阔叶乔木   常绿阔叶乔木

图3-8 乔木平面示意图

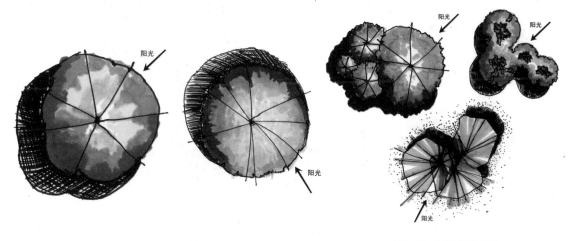

图3-9 单株阴影表现   图3-10 树丛阴影表现

通过多次练习，掌握对植物的分析与归纳，根据植物的不同形态采用相应的画法（图3-11、图3-12）。

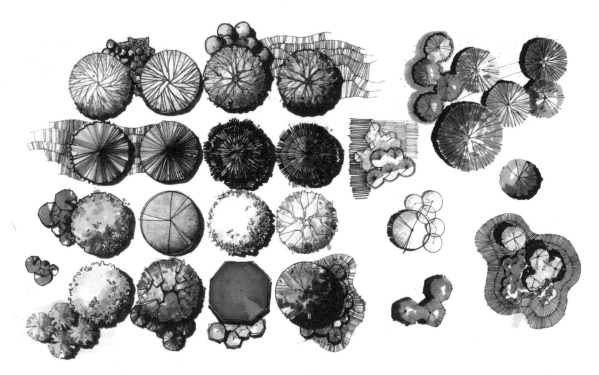

图3-11 乔木画法示例1

图3-12 乔木画法示例2

（2）乔木的立面手绘表现

乔木的立面表现形式常用图案式表现，也就是对树木、树形、枝杈等形象特征加以高度概括，用平面图案形式来表现。这种形式的表现常用于景观立面图和剖面图中。丰富的造型、线条的粗细、虚实的变化、色彩的丰富搭配、上色笔触的细腻可使树的造型更具有装饰性效果（图3-13～图3-18）。

图3-13　乔木立面手绘表现1

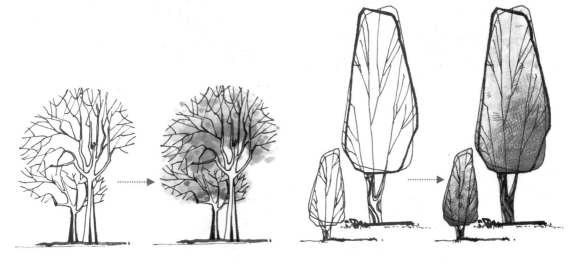

图3-14　乔木立面手绘表现2

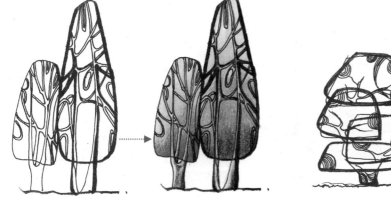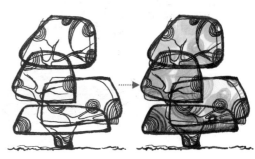

图3-15　乔木立面手绘表现3

图3-16 乔木立面手绘表现4

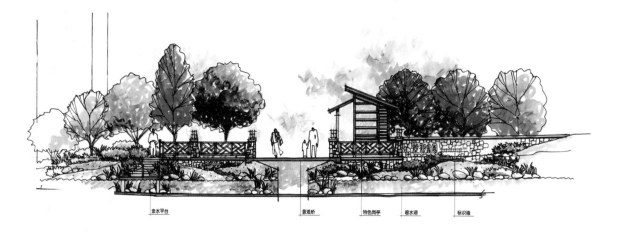

图3-17 图案式表现在景观剖、立面中的运用

图3-18 图案式表现乔木通常也可以用在透视效果图中作为远景衬景树表现

乔木立面图绘制训练：要抓住乔木的树冠形状，枝杈的生长规律和方向，然后用简练的线条和上色笔触进行绘制，并在统一中寻求变化。可根据树的基本色彩对其进行上色，可以适当地夸张一点，使树的造型色彩对比感更强，更能突出视觉效果（图3-19、图3-20）。

图3-19 乔木立面图绘制训练1

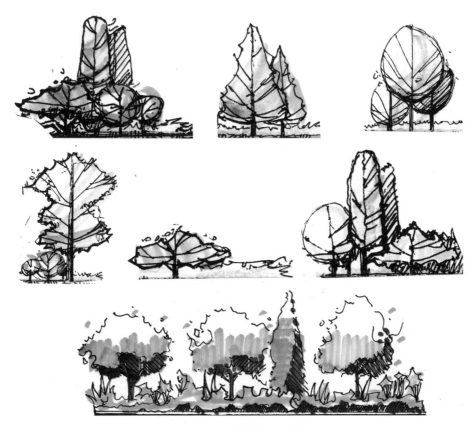

图3-20 乔木立面图绘制训练2

（3）乔木的透视手绘效果图表现

①乔木的枝干分析。自然界中的树木丰富多样，树形千姿百态，各具特色，有的颀长秀丽、树冠挺拔，有的体量宽大、树冠平展。树木由干、枝、冠构成，树杈生长决定了各自的基本形态特征。因此，学习勾绘树木时首先要学会观察树木的整体形态特征，从中分析出树整体的干、枝结构关系。树冠的把握还要从树木的发展变化来分析，一般来说其变化可概括为树干生枝、枝生叶，叶又生成树冠。因此，在勾绘树冠时一定要了解树枝的生成形状，这样才能把握住树冠的丰富形态。如图3-21，可以看出，当了解了树枝的生成情况，即树枝生长习性和枝杈分杈势态后，枝冠就影影绰绰地显现出来，这样树冠形状就会很容易勾绘。但在勾绘树冠的叶形线时要注意，图线要自然流畅，不要过于生硬，要边勾绘边考虑树冠的整体形状。

②乔木树冠与枝干结构形态与明暗关系。要想把树木画得有立体感，那就要从树木主体明暗关系入手，利用各种线型、方向和疏密组合来表现。树冠的主体形状可概括为大小不同的球形、几何体变化组合，借用球体等明暗关系来分析各种树冠的立体形状变化（图3-22～图3-24）。

树枝沿垂直的一根主干朝上出杈

主干到一定高度不断分杈，枝越分越密，形成一茂密的树冠

树枝沿垂直的一根主干平挑出杈

主干多，多见于灌木

主干从根开始分杈

树枝沿主干垂直出杈下挂

图3-21 乔木的枝干分析

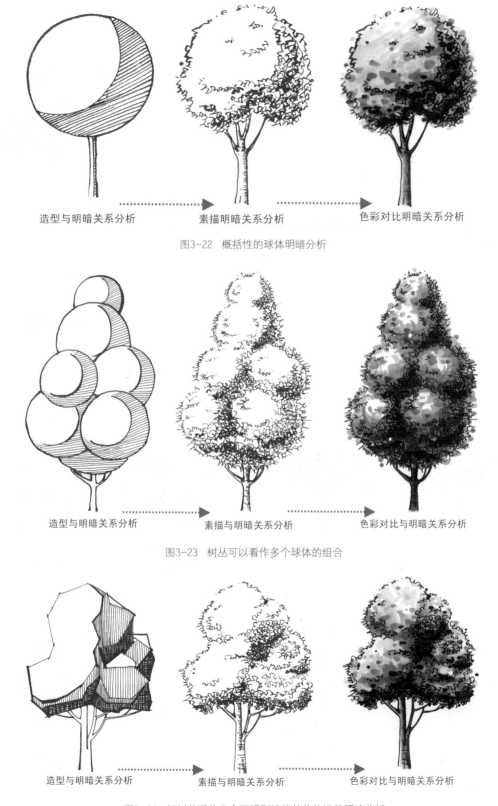

造型与明暗关系分析 　　素描明暗关系分析 　　色彩对比明暗关系分析

图3-22　概括性的球体明暗分析

造型与明暗关系分析 　　素描与明暗关系分析 　　色彩对比与明暗关系分析

图3-23　树丛可以看作多个球体的组合

造型与明暗关系分析 　　素描与明暗关系分析 　　色彩对比与明暗关系分析

图3-24　把树丛看作几个不规则块状的物体进行明暗分析

③乔木树冠分析。"画景难画树",树的形态画得好坏主要取决于对树冠轮廓的把握。树冠大体可归纳为几种几何形体,如半球形、葫芦形、方形、伞形、三角形等(图3-25～图3-31)。

图3-25 半球形灌木的手绘表现

图3-26 方形适合修剪过的高灌木表现

图3-27 等边三角形适合较高大的树木

图3-28 等腰三角形适合较小型树木

图3-29 伞形适合中型树木

图3-30 圆形适合枝叶茂盛的树木

图3-31 葫芦形适合比较高大的树木

④乔木透视效果图表现技法。根据其生长的顺序，先画树干，后画树冠，最后上色，完成绘制。具体步骤如下：

a.首先，用铅笔线确定好树干和树冠的大体形态和范围，如伞形、圆形等，再深入刻画树干以及树冠细节。一般从地面画起，顺着树的姿态、生长规律，注意运用主杈与分枝的粗细对比，分杈的角度不可太大，分杈的方向要有左右前后的变化。画好树干、枝杈后，再画枝杈上面覆盖的树叶，锯齿状的线可把枝杈联系起来，要自然地把树冠的基本形态画完整（图3-32、图3-33）。

b.其次，使用钢笔勾线表示树叶时要注意线条的疏密控制、树叶分组并处理好主次关系。画线条时树木的大小、高矮倒是次要的，最主要的是心态要放松，不要顾虑画得像不像树，心情越凝重，就越容易把树叶和树干画死。如图3-34最后绘制树冠和主干与分杈的暗面，亮面和灰面全部留白就可以了。

c.再次，选用浅绿色马克笔轻松上色，用灰绿色区分开明暗大体区域，注意区域分界线不是直线或者规则的曲线。树冠的亮面用淡黄色、灰面用草绿色，并适当加点淡淡的青色过渡。顺着树木生长方向用赭石色和蓝灰色分别给树干的暗面和灰面上色，高光部分留白，注意不要破坏光线下的明暗统一性（图3-35、图3-36）。

d.最后，用最重的绿色绘制暗面，使用较深的绿长点或者短点笔触，交代明暗过渡地带。如果高光部分不够或者位置不合理，可用涂改笔点亮（图3-37）。

图3-34 透视手绘步骤3

图3-35 透视手绘步骤4

图3-36 透视手绘步骤5

图3-37 透视手绘步骤6

图3-32 透视手绘步骤1

图3-33 透视手绘步骤2

⑤乔木绘制训练。不管是临摹或写生，首先要根据树的造型和大小来确定其构图和透视关系，先确定好整体造型（初学者可用铅笔打稿），然后对树干从下到上进行刻画，注意其被树叶遮挡和留空的树干，用色彩或线条加深暗部，适当用涂改笔添加高光（图3-38～图3-50）。

图3-40　成片乔木林

图3-38　单株乔木

图3-41　乔木林手绘效果图1

图3-39　乔木手绘效果图1

图3-42　乔木林手绘效果图2

图3-43　乔木手绘效果图2

图3-45　乔木手绘效果图4

图3-44　乔木手绘效果图3

图3-46　乔木手绘效果图5

图3-47　乔木手绘效果图6

图3-48　乔木手绘效果图7　　　　图3-49　乔木手绘效果图8　　　　图3-50　乔木手绘效果图9

课 后 作 业 与 练 习

（1）收集大量的乔木单体手绘效果图、平面图、立面图，并对其造型、枝干、树冠以及表现手法等进行分析总结。

（2）分别临摹和写生10种乔木的平面、立面、透视表现图并上色。

3.1.2 灌木

灌木是一种没有明显主干、呈丛生状态的树木，灌木的叶丛几乎贴地而生，按照高度来分，可分为高（高度在3～4.5米）、中（高度在1～2米）、矮（高度在0.3～1米）三种（图3-51）。

（1）灌木平面表现

由于灌木没有主干，在园林景观绿化中常以群植形式出现，枝叶间相互渗透交叉。绘制时要以连片形式表现，并根据光线的方向刻画，区分其明暗关系，还要适当地在高光地方留白（图3-52、图3-53）。

灌木平面的绘制方法很简单。先用铅笔勾出灌丛在地面上的形状轮廓，如果画的是轮廓型的

图3-51　高、中、矮灌木

图3-52　灌木平面手绘表现1

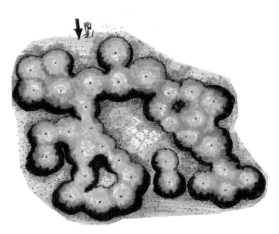

图3-53　灌木平面手绘表现2

灌丛，只需用细线笔勾描出丛边轮廓加上阴影就可以了；如果绘制质感型灌丛，则需在丛边轮廓加绘丛叶的纹理。

（2）灌木的透视效果图表现——以旅人蕉为例

①先用铅笔轻轻勾勒出大致的旅人蕉造型以及叶子上的纹理，再用钢笔或美工笔依据铅笔稿勾勒并精细刻画出旅人蕉的造型以及局部细节（图3-54、图3-55）。

②用与旅人蕉固有色相近颜色的马克笔从浅到深为整个植物造型铺设一遍，注意马克笔的笔触基本与旅人蕉叶子的脉络保持一致，并用淡黄色稍微点缀一下亮部。最后用重色压底，对灰面和暗部进行处理，形成色彩对比关系，并适当地点缀一些比较鲜艳的淡黄色，用涂改笔提亮高光部分，使整个画面丰富起来（图3-56、图3-57）。

图3-54　旅人蕉透视手绘1

图3-55　旅人蕉透视手绘2

图3-56　旅人蕉透视手绘3

图3-57　旅人蕉透视手绘4

对于低矮的灌木丛，一般在画面中概括性地手绘出基本轮廓就够了，它们适合放在中景和远景，主要起填充和点缀作用。用它们来适当遮挡主体局部，为画面增添绿化丰富的自然效果，树干和枝杈可以忽略不画。低矮灌木丛的轮廓线自然而富有韵律，整体形态有团状的效果和体积感，景观手绘中可利用草地、绿篱、灌木、乔木进行高、中、低搭配，使整个画面具有很强的立体感和节奏感（图3-58、图3-59）。

图3-58　灌木丛手绘表现1

图3-59　灌木丛手绘表现2

（3）灌木绘制训练

　　要绘制好灌木，一定要把握好它们的自然形态，特别要注意叶片与枝干之间的层次以及明暗关系（图3-60～图3-75）。

图3-60　灌木手绘表现1

图3-61　灌木手绘表现2

图3-62　灌木手绘表现3

图3-63　灌木手绘表现4

图3-64　灌木手绘表现5

图3-65　灌木1

图3-67　灌木手绘表现7

图3-66　灌木手绘表现6

图3-68　灌木2

图3-69　灌木手绘表现8

图3-70　灌木手绘表现9

图3-71 灌木丛

图3-72 灌木丛手绘表现3

图3-73 灌木丛手绘表现4

图3-74　灌木手绘表现10

图3-75　灌木手绘表现11

课 后 作 业 与 练 习

（1）收集大量的灌木或灌木群单体手绘效果图、平面图、立面图，并对其造型、枝干以及表现技法等进行分析总结。

（2）分别临摹和写生8种不同类型的灌木或灌木群的平面、立面、透视表现图并上色。

3.1.3　绿篱

绿篱属于灌木的一种，在景观设计中常用作各个功能空间的隔离带，起到分隔、防护和装饰环境的作用。景观设计中常用一些植物密植成绿篱以代替栏杆、篱笆和墙垣。按照高度，绿篱可分为高绿篱（高度1.2~2米）、中绿篱（高度0.5~1.2米）、低绿篱（高度0.3~0.5米）（图3-76~图3-78）。

（1）绿篱平面图形

绿篱有常绿绿篱和落叶绿篱两种，大多数的绿篱都是经过修剪或按规则种植的，因此其平面图形线条比较工整、平直，多为规则的几何图形（图3-79~图3-84）。

图3-76　高绿篱

图3-77　中绿篱

图3-78　低绿篱

图3-79　阔叶绿篱（单层）

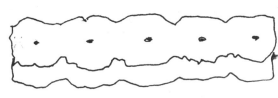

图3-80　阔叶绿篱（双层）

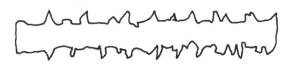

图3-81　针叶绿篱（单层）

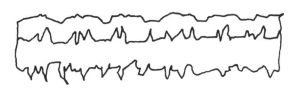

图3-82　针叶绿篱（双层）

图3-83 落叶绿篱（自然形）

图3-84 落叶绿篱（整型形）

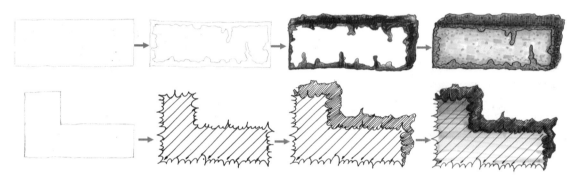

图3-85 绿篱平面手绘表现图解1

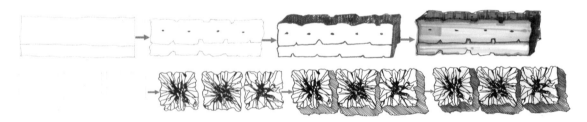

图3-86 绿篱平面手绘表现图解2

（2）绿篱平面图表现步骤（图3-85～图3-87）如下：

①用铅笔绘制线条几何图形。

②在几何形的边缘用点线、自由曲线、圆形曲线等勾出绿篱叶纹线和枝叶纹理。

③用钢笔或美工笔等

图3-87 几种不同造型绿篱的平面表现图

沿铅笔线稿进行勾绘，进一步描绘细节，绘制出绿篱的阴影。

④上色。

（3）绿篱透视效果图表现技法（步骤与乔木表现相同）

①先用铅笔绘制绿篱造型线条的几何图形，再用钢笔或美工笔等沿铅笔线稿进行勾绘及进一步刻画细节，并绘制出绿篱的阴影（图3-88、图3-89）。

②用马克笔由浅到深铺上绿篱基本色调，以球形的明暗方法绘制表现其暗部与亮部的素面与色彩关系（图3-90、图3-91）。

图3-88　绿篱透视手绘1

图3-89　绿篱透视手绘2

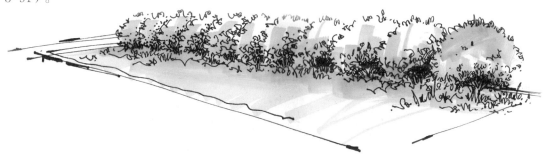

图3-90　绿篱透视手绘3

图3-91　绿篱透视手绘4

（4）绿篱写生训练

选好角度，注意观察对象的造型和结构，适当地根据自己的主观意向对对象进行调整和美化（图3-92～图3-103）。

图3-92　绿篱1

图3-93　绿篱手绘效果1

图3-94　绿篱手绘效果2

图3-95　绿篱2

图3-96　绿篱手绘效果3

图3-97　绿篱手绘效果4

图3-98 绿篱3

图3-99 绿篱手绘效果5

图3-100 绿篱手绘效果6

图3-101 绿篱手绘效果7

图3-102 绿篱手绘效果8

图3-103 绿篱手绘效果9

课 后 作 业 与 练 习

（1）收集大量的绿篱手绘效果图、平面图、立面图，并对其造型、表现技法等进行分析总结。

（2）分别临摹和写生5种绿篱的平面、立面、透视表现图并上色。

3.1.4　草地

草地在园林景观规划设计的平面图中所占的面积较大，常用来衬托乔木、灌木、景石等元素。对于较大面积的草地，在绘图时无需全部画出草地的肌理，只需将草地的周边以及建筑、植物、景石等元素周围重点画出即可。一般草地平面表现最常用的方法是点砂法（图3-104）。

（1）草地平面表现步骤

①先用笔勾绘出草地的范围、界限以及其他物体的造型（如树木、景观设施等）（图3-105）。

②用点砂法点出疏密相间的细小砂点。一般在草地边角处，乔木、灌木等元素周围，特别是阴影处以及建筑物的边缘，砂点要稍密些；然后由此向外扩展，砂点逐渐稀疏；最后将草地的边界线加粗（图3-106）。

③上色：先铺上一层草绿色，注意高光的地方要适当留白，再用与草绿色色相相近并且较淡

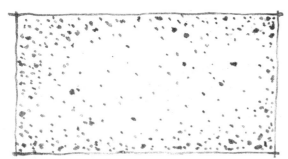

图3-104　点砂法绘制草地手绘效果

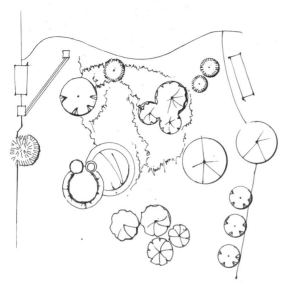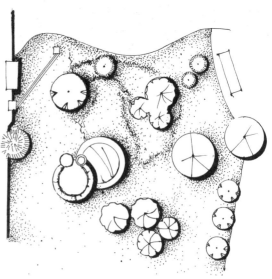

图3-105 草地边界手绘　　　　图3-106　点砂法绘制草地效果

的彩铅绘制其亮面，最后加深暗部，使整个画面形成色彩明暗对比（图3-107）。

（2）草地透视效果表现技法

用短直线以长短、高低不同的方式，错落有致地绘制草地，其过渡空间可以用曲线的方式。上色时先用马克笔绘制地面的色彩，高出地面的草可用彩铅根据草生长的方向绘制，用笔时要刚劲有力，才能突出草的顽强生命力。最后用不同的色彩和涂改笔轻点上草地上的野花作为点缀，以增加草地的野趣（图3-108、图3-109）。

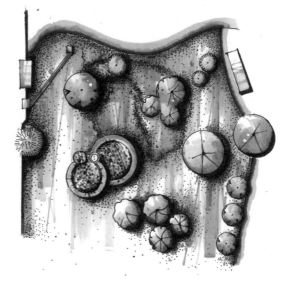

图3-107 点砂法草地手绘上色效果

图3-108 短直线绘制草地的透视效果

图3-109 草地手绘效果

课后作业与练习

（1）收集大量的草地手绘效果图、平面图、立面图，并对其造型、表现技法进行分析总结。

（2）分别临摹和写生一两种草地的平面、立面、透视表现图并上色。

3.2

花廊架手绘表现技法

3.2.1　花廊架平面图

花廊架是攀缘植物的棚架，在景观设计中常兼有亭廊的作用，是人们遮阴、休憩的场所。如作为长线布置时，就会像游廊一样发挥景观节点脉络的引导作用。花廊架造型较为灵活，且富于变化。常见的有圆架式、梁架式、单排柱式、单柱式、半柱半墙式等（图3-110～图3-114）。

花廊架的平面表现步骤

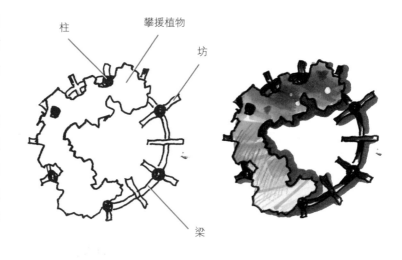

图3-110　圆架式

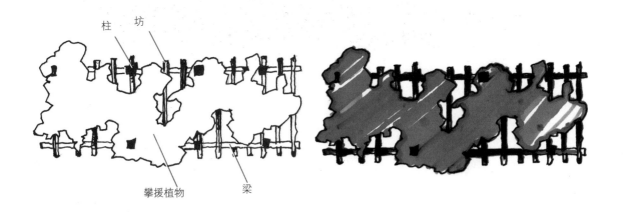

图3-111　梁架式

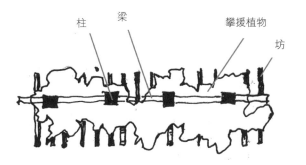

图3-112 单排柱式

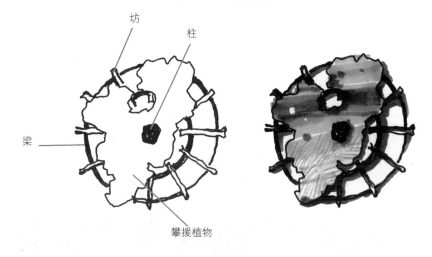

图3-113 单柱式

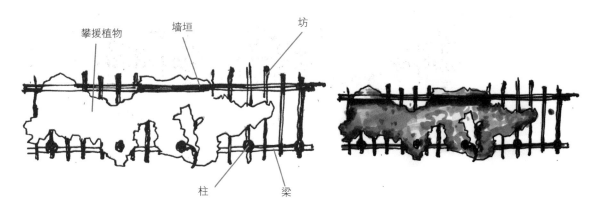

图3-114 半墙半柱式

（以梁架式为例）（图3-115）：

①根据花廊架的尺寸大小，按比例画一个长方形。

②在长方形中用细碎曲线勾绘攀缘植物的平面图形，要适当地露出花架的支撑骨架。

③绘制等距离的条坊，条坊要整齐排列。

④细化廊架的柱、梁、坊和攀缘植物的造型。

⑤给花廊架上色。

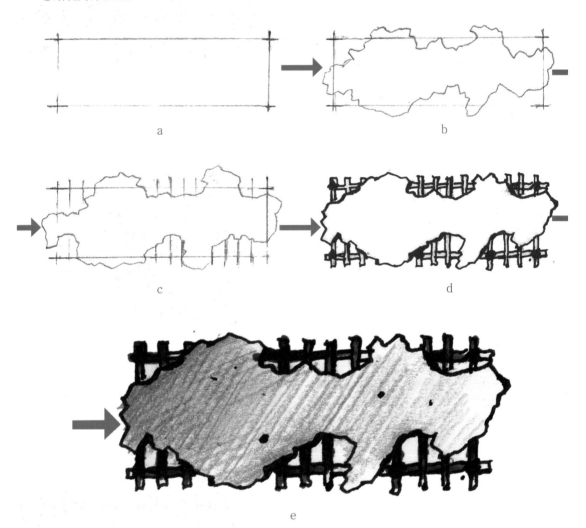

图3-115 梁架式花廊架平面表现

3.2.2 花廊架透视图

（1）花廊架透视效果图手绘步骤（以单排柱式为例）

①用铅笔轻轻勾勒场景的物体和透视的造型范围与构图，用钢笔精细刻画花廊架的柱、坊、

梁等造型和细节。对于远处的景物可以进行简单的概括，不要过于细致刻画，否则就会抢了主体的位置。总之钢笔线稿要绘制成一幅有近景、中景、远景以及明暗关系分明的完整的素描线稿

（图3-116、图3-117）。

②上色时，原则上先从主体开始，由浅到深，如果背景有与主体相同色彩的，可以同时画。然后绘制植物的色彩，用笔要肯定，尽量不要犹豫，注意亮部要留白。最后用彩铅绘制柱子的纹理和环境色，离主体近的植物暗部要画重些，这样才能突出主体部分，形成完整画面（图3-118、图3-119）。

图3-116　花廊架透视手绘表现1

图3-117　花廊架透视手绘表现2

图3-118　花廊架透视手绘表现3

图3-119　花廊架透视手绘表现4

（2）花廊架透视效果图表现技法训练

仔细观察花廊架的类型和造型结构，注意廊架的各种材质的表现、植物错落搭配的形式以及廊架被植物遮挡的部分，用笔时要收放自如（图3-120～图3-128）。

图3-120　花廊架透视手绘效果

图3-121　圆架式花廊架透视手绘1

图3-122　圆架式花廊架透视手绘2

图3-123 单柱式花廊架透视手绘1

图3-124 单柱式花廊架透视手绘2

图3-125 单排柱式花廊架透视手绘1

图3-126 单排柱式花廊架透视手绘2

图3-127 梁架式花廊架透视手绘1

图3-128 梁架式花廊架透视手绘2

课后作业与练习

（1）收集大量的花廊架手绘效果图、平面图、立面图，并对其造型、结构、材质以及表现技法等进行分析总结。

（2）分别临摹和写生5种花廊架的平面、立面、透视表现图并上色。

3.3
景石手绘表现技法

古有"园可无山，不可无石"、"石配树而华，树配石而坚"的说法，由此可看出，景石在园林景观设计造景中具有非常重要的意义。在园林景观环境中，景石常分为点缀式景石（常说的孤赏石）、山石小品、堆积假山三种形式（图3-129～图3-131）。

园林景观造景中，景石运用范围很广，它可用作涉水步桥、叠山构洞、拦水固岸等，处处成景（图3-132、图3-133）。

图3-131 假山

图3-132 涉水步桥

图3-129 点缀式景石

图3-130 小品石

图3-133 叠山构洞

3.3.1 景石平面图

(1)景石的平面绘制

在绘制景观规划设计平面图中，景石是不可缺少的，绘制时要用简洁的纹理线条勾勒轮廓。景石的纹理有浑圆的，有棱角分明的，是表现景石最重要的环节，绘制时可用不同粗细的笔（建议用美工笔）和线条表现。常见的景石有四种：英石、卵石、太湖石、青石（图3-134～图3-141）。

图3-134 英石

图3-135 英石平面表现

图3-136 卵石

图3-137 卵石平面表现

图3-138 太湖石

图3-139 太湖石平面表现

图3-140 青石　　　　　　　　　　　　　图3-141 青石平面表现

（2）景石的平面绘制步骤与表现技法

①先绘出景石特征的外轮廓线（建议用美工笔）（图3-142、图3-143）。

②用细线绘制景石的纹理（图3-144、图3-145）。

③对景石的外轮廓线加粗，注意线条的粗细变化，并绘制景石的阴影和景石附近的配景（比如草

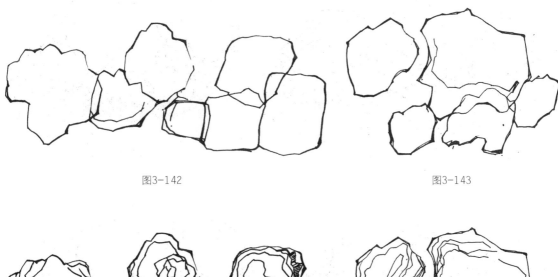

图3-142　　　　　　　　　　　　　　　　图3-143

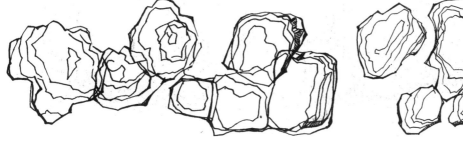

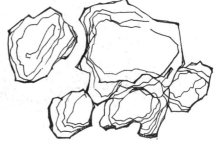

图3-144　　　　　　　　　　　　　　　　图3-145

地等）（图3-146、图3-147）。

④用与景石原色相近的色彩绘制其大体色调，注意高光地方要留白（图3-148、图3-149）。

⑤用色相相近的色彩加深景石的暗部、灰面和高光部分，最后进行画面整体调整，添加环境色，突出景石画面的立体感（图3-150、图3-151）。

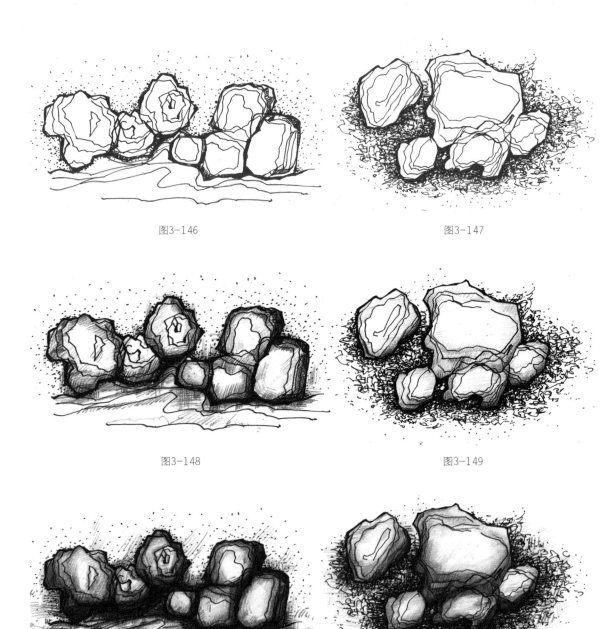

图3-146 图3-147

图3-148 图3-149

图3-150 图3-151

3.3.2　景石透视图绘制步骤

（1）构图与铅笔线稿

这个阶段主要解决两个问题：构图和基本造型线稿。构图是一幅图片成功的基础，构图阶段需要注意的是，要有透视感。先确定主体，形成趣味中心以及各物体之间的比例关系，还有配景和主体的比重等等。另外，铅笔线稿要注意物体造型基本的准确性，绘制时不要画得太重，以免擦掉时损坏纸张、弄脏画面（图3-152）。

图3-152

（2）钢笔线稿

在这一阶段要注意线条的流畅、粗细以及物体之间的明暗关系等。如何把混淆不清的线条区分开来，形成一幅主次分明、趣味性强的钢笔画，完全是基本功的体现。勾勒轮廓线时，用笔尽量流畅，一气呵成，切忌对线条反复描摹，要注意用不同粗细线条逐步绘制近、中、远景，避免不同的物体轮廓线交叉。在这个过程中边勾边上明暗调子，逐渐形成整体，近景中对比，中景强对比，远景弱对比。前景的物体刻画要准确精细，远景物体基本上可以用点和面代替（图3-153）。

图3-153

（3）上色

先从石头和水的基本原色入手。用浅灰蓝色画景石的灰面，然后高光留白，画水面时不要太多停顿，几种色之间的衔接要快，迅速融到一起，并在适当的地方留白，笔触不能太强，以免呆板。水面和背景植物在画面中作为补充，不宜过多刻画，避免喧宾夺主。初学者如果没把握的话，可先用描图纸多作几幅单独的石头和水面，挑最有感觉的用到正图上去。最后总体画面要初步强调色彩的明暗对比（图3-154）。

（4）整体深入刻画

这个阶段主要对局部做些修改，统一色调，对远景进行简单刻画，不要过于精细，以免喧宾夺主。对物体的质感做深入刻画，到这一步需要彩铅的介入，作为对马克笔的补充，增强色彩的过渡性。最后加强画面的色彩明暗对比效果，并用涂改笔点亮高光部分（图3-155）。

图3-154

图3-155

3.3.3　景石的效果图训练

常见的景石一般有点缀石和组合（群）景石，绘制时要抓住它们的特点，突出其质感在画面中的重要地位。

（1）点缀石绘制

点缀石具有趣味、寓意、稳重等特点，在园林景观造景中起到画龙点睛的作用，绘制时要抓住这些特点。尤其是石的纹理、凹凸以及明暗部分，线条既要有随意性，但是对于部分轮廓线也要有肯定性，须一笔带过。同时注意石头周围植物的绘制，植物比较柔软，更能突出石头的坚硬与稳重感。在这里，可用彩铅或马克笔单独或者两者结合上色（图3-156～图3-167）。

图3-156　点缀石手绘1　　　　　　　　图3-157　点缀石手绘2

图3-158　点缀石手绘3

图3-159　点缀石1

图3-160　点缀石手绘4

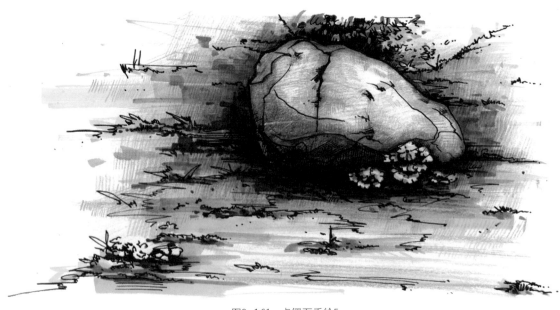

图3-161　点缀石手绘5

图3-162 太湖石

图3-163 太湖石手绘线稿

图3-164 太湖石手绘效果

图3-165 点缀石2

图3-166 点缀石手绘线稿

图3-167 点缀石手绘效果

（2）组合（群）景石绘制技法

组合（群）景石一般是由两到三块以上的石头按照不规则的形式放置在景区某个方便人们观赏的地方，特点是气势比较恢宏，层次感较强。绘制时要注意石与石之间的交叉处以及摆放的规律。通常组合（群）景石当中要有花草与之搭配，使整个景石画面更加丰富多彩，尤其是与水面或者与跌水瀑布搭配，更能体现景石材质坚硬、纹理粗犷的特点（图3-168～图3-174）。

图3-168　组合石

图3-169　组合石手绘线稿1

图3-170　组合石手绘效果1

图3-171　组合石手绘效果2

图3-172　组合石手绘效果3

图3-173　组合石手绘线稿2

图3-174　组合石手绘效果4

课 后 作 业 与 练 习

　　（1）收集大量的景石手绘效果图、平面图、立面图，并对其造型、纹理以及表现技法进行分析总结。

　　（2）分别临摹写生10张以上各种石头类型的平面、立面、透视表现图并上色。

3.4

水体手绘表现技法

　　水是万物之首，自然界的一切事物中，唯有水最珍贵。所有生命都具有亲水性，因此在园林景观设计中，往往将水面作为最重要的造景设计要素之一。水面可分为静水、流水、跌水瀑布等形式。

3.4.1　静水

　　一般用直线和曲线（波纹线）的间断来绘制，绘制时要注意线条排列的方向统一和疏密区分等（图3-175～图3-179）。

图3-175　静水手绘1

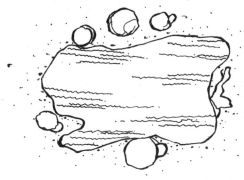

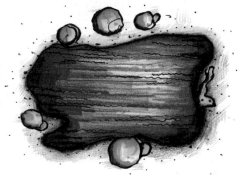

图3-176　静水手绘2

图3-177　静水手绘3

图3-178　静水手绘4

图3-179　静水手绘5

　　水和水面以及周围的倒影绘制，不仅使画面丰富多彩，更能突出整个场景宁静、祥和且富有诗情画意的氛围。

3.4.2　流水

　　流水主要是指小溪。平面表现时一般沿着小溪（或河床）的方向用小碎曲线断断续续画成长线段和有动感的细线或虚线。绘制时，小溪（或河床）要粗点而且要富有大小变化，画溪水线时要注意曲折和虚实的变化，这样画出来的线条才具有动感，才能正确表现溪水的形态特征（图3-180、图3-181）。

图3-180　流水的平面表现

图3-181　虚实有序的曲线与岸边的石头以及青苔、低矮灌木等景物勾勒出一幅潺潺的溪流景象

3.4.3　跌水瀑布

景观环境中所指的某种瀑布，一般多为人工瀑布，由水位落差形成，可创造多种趣味和多彩的观赏效果（图3-182、图3-183）。

跌水瀑布主要是由水与石以及其他硬质材料搭配形成的，在绘制时主要注意水的柔和性与石头的坚硬粗犷性的表现。在表现跌水瀑布时，钢笔线无需画太多，只需沿流水的方向勾勒出瀑布的大体造型线条以及其部分明暗，然后借助涂改

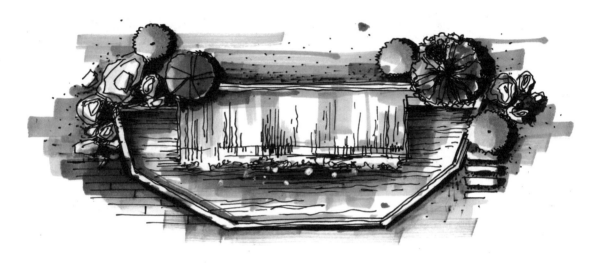

图3-182　人工瀑布

图3-183　亲水平台掩映在绿丛与水中并与景石以及气势恢宏的瀑布将空间层次直接表达出来

笔绘制流水以及溅落的水花（图3-184～图3-186）。

图3-184 跌水瀑布1

图3-185 跌水瀑布2

图3-186 跌水瀑布3

3.4.4　水景透视效果图训练

给水面上色时，颜色尽量和天空保持一致，可以比天空色再稍灰些，然后再上草、树木、石头等环境色。前景偏绿、较亮，远景偏蓝、较暗，对比稍微强烈点，明暗关系清晰点。另外岸边的水要画得重些，对比较强些。刻画好细节后，用涂改笔刻画瀑布以及适当点些高光，使水面颜色和层次更加丰富。

画水面的一个基本的原则是由浅入深，切勿一开始就用重色画死，这样修改起来会很困难。在作画过程中应时刻把整体放在第一位，不要对局部过度着迷，忽略整体，这样所呈现的画面将惨不忍睹（图3-187、图3-188）。

图3-187　水景手绘线稿

图3-188　水景手绘效果

课后作业与练习

（1）收集大量有关水体手绘效果图、平面图、立面图，并对其类型、所处的环境以及表现技法进行分析总结。

（2）分别临摹和写生6张以上各种类型的水的平面、立面、透视表现图并上色。

3.5

道路手绘表现技法

3.5.1　园林景区道路基本知识

　　道路是园林景观区内环境运行系统中的一个重要组成部分，它起到连接、导向、分割等作用，因此在绘制道路时要按照比例要求，注意道路的宽度、类型等。

　　①道路的类型级别区分：

级　别	道路功能作用	规定宽度
第一级	居住小区道路 居住区各组成部分道路	车行宽7m 红线宽16m
第二级	居住区组成的道路 通行自行车和人行为主	路面宽4～6m
第三级	宅前小路通往各住户或各单元入口的道路	路面宽1.5～3m
第四级	休闲小径、健康步道	双人行走1.2～1.5m，单人行走0.6～1m

　　②道路是由两条线——也叫路牙线组成，路牙线要画成中粗线或两条细线，如果有被树木树冠遮挡，其遮挡部分不要画粗或只画一条细线（图3-189）。

　　③道路的交叉、转弯处要画成光滑的曲线（图3-190、图3-191）。

　　④道路的宽窄、曲折变化不仅能满足各种特定功能需求，而且还具有暗示方向引导、步行速度和节奏调节等心理作用（图3-192～图3-195）。

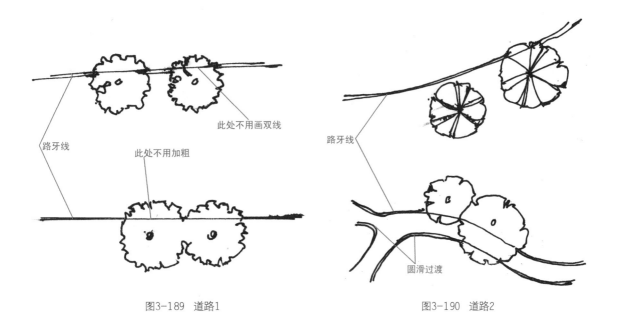

路牙线

此处不用画双线

此处不用加粗

图3-189 道路1

路牙线

圆滑过渡

图3-190 道路2

图3-191 道路手绘效果

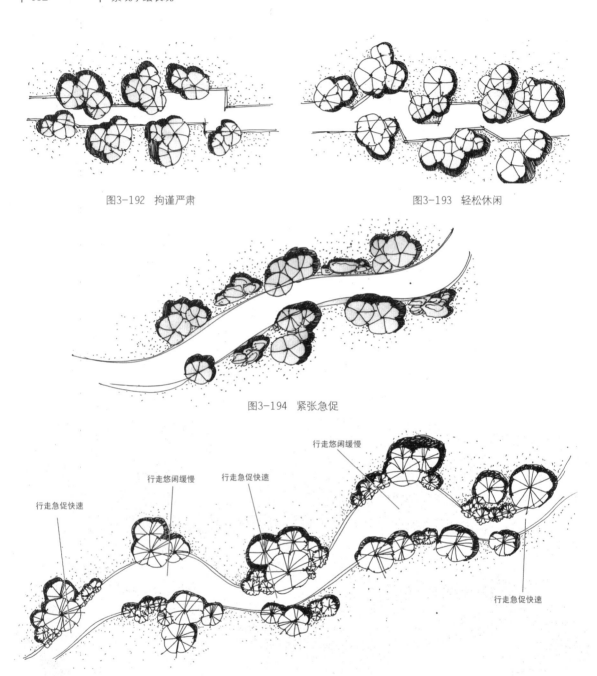

图3-192 拘谨严肃　　　　　　　　图3-193 轻松休闲

图3-194 紧张急促

行走悠闲缓慢

行走悠闲缓慢　　　行走急促快速

行走急促快速

行走急促快速

图3-195

3.5.2　步石路

在草地上铺设各种形状规则或不规则的石板、石条或石块等，供人们行走、观赏。步石路具有较强的方向引导作用，它可以控制步行速度和节奏，视觉趣味性很强（图3-196～图3-200）。

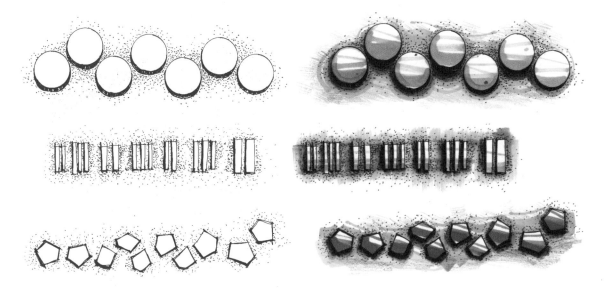

图3-196　步石路平面图

图3-197　条形步石路　　　　　　　　　　　　图3-198　条形步石路透视效果图

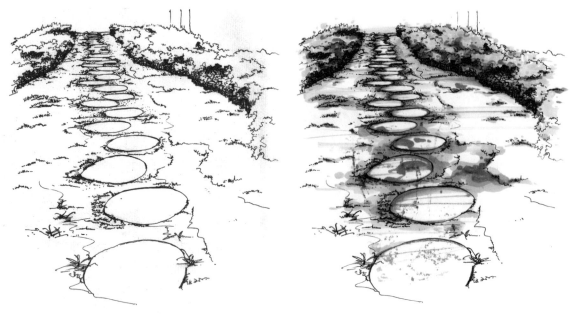

图3-199 圆形步石路　　　　　　　　　　　图3-200 圆形步石路透视效果图

3.5.3　汀步

汀步又称为跳桥、水中步道，是一种较原始的过水形式。汀步设计较为灵活多变，可设计成各种形态和采用多种材料，在景观设计中常用于室内外水景、平静水池、浅水河滩以及跨度不大的水面和山林溪涧等，是园林景观设计中一种颇有情趣的跨水形式。汀步按其平面形状可分为规则、自然、仿生三种形式。

（1）规则式汀步。

每个步桩石为几何形状，有圆形、方形、多边形和集合几何形，排列规整（图3-201、图3-202）。

图3-201 规则式汀步1

图3-202 规则式汀步2

（2）自然式汀步。

其步桩石不仅形态自然，而且放置也比较随便，经过精心处理自然韵味很强（图3-203、图3-204）。

图3-203 自然式汀步1

图3-204 自然式汀步2

（3）仿生式汀步。

其步桩石都模仿自然界生物形态，如荷花、木桩、乌龟等，这种富有情趣的动植物形态使人们在跨越水面上的桩石时，增强了与大自然的亲切感（图3-205、图3-206）。

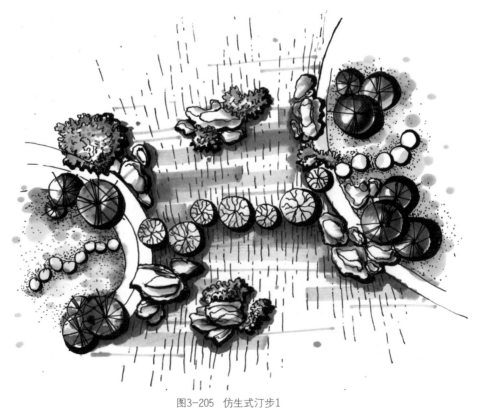

图3-205 仿生式汀步1

图3-206 仿生式汀步2

课 后 作 业 与 练 习

（1）收集大量的各种园路手绘效果图、平面图、立面图，并对其造型、样式以及表现技法进行分析总结。

（2）分别临摹和写生5张以上所讲的各种园路的平面、立面、透视表现图并上色。

3.6

景观桥手绘表现技法

桥是园林景观建筑设计中最常见的一种，是重要的园林景观造景元素之一，通常架设在宽度不大的溪流或人工小湖、池塘等水面上，按照其造型可大致分为平桥、曲桥和拱桥三种类型。

3.6.1　平桥

常见的是架设于两岸的小桥，桥面平直，紧贴水面，在桥端两侧放置景石，隐喻桥头（图3-207~图3-209）。

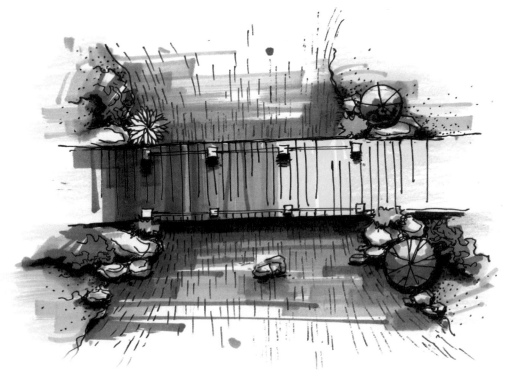

图3-207　平桥的平面手绘

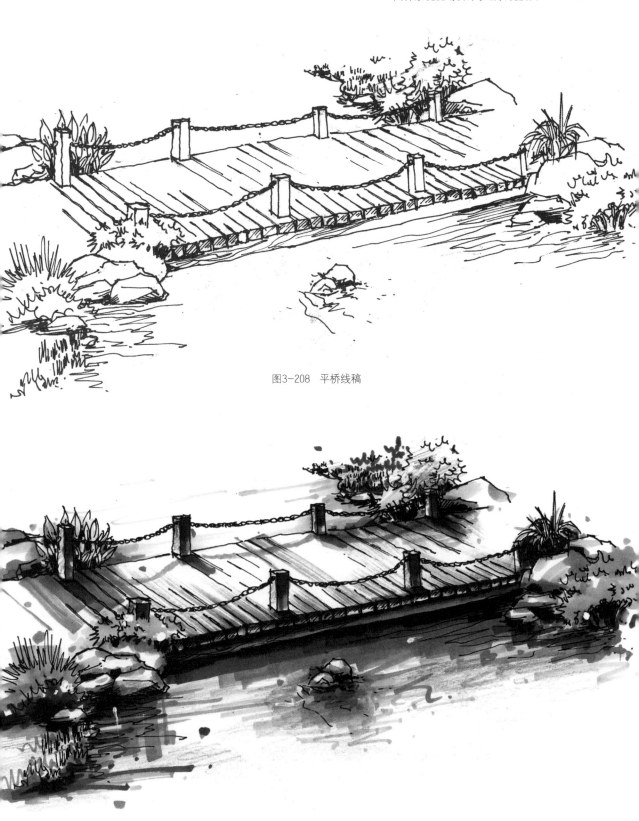

图3-208　平桥线稿

图3-209　平桥效果图

3.6.2　曲桥

通常是架设在水面较宽、水流平静的水中，其形状曲折多姿。根据其曲折程度可分为两折、三折、九折等多折，为人们提供多种观赏角度，趣味性很强（图3-210～图3-214）。

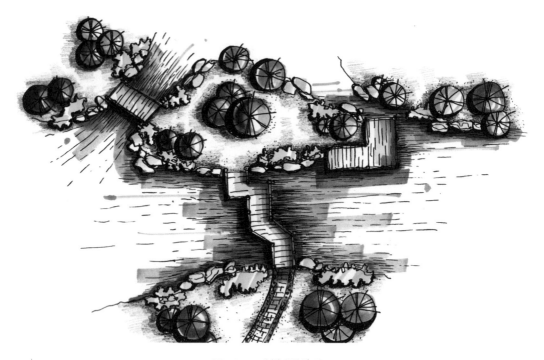

图3-210　曲桥手绘效果1

图3-211　曲桥手绘效果2

图3-212　曲桥手绘效果3

图3-213　曲桥手绘效果4

图3-214 曲桥手绘效果5

3.6.3 拱桥

常见的是中间高、两端低的小桥，桥面高于水面，以便人们登高观景（图3-215～图3-219）。

图3-215 拱桥平面手绘效果

图3-216　拱桥手绘1

图3-217　拱桥手绘效果1

图3-218　拱桥手绘2

图3-219 拱桥手绘效果2

课 后 作 业 与 练 习

（1）收集大量的景观桥手绘效果图、平面图、立面图，并对其造型、结构以及表现技法进行分析总结。

（2）分别临摹和写生6张以上不同类型桥的平面、立面、透视表现图并上色。

3.7

亭子手绘表现技法

园林景观设计中的亭子不仅有可让人们驻足、登高望远、纳凉避雨、休闲等功能，而且亭子本身就是一道风景，能满足人们观景和游景的需求。亭子建筑一般体积小、功能明确，是组构景观采用最多的建筑形式，因此亭子常常被作为景观环境中的主体来设计。

在园林景观中，亭子形态造型丰富、灵活多变、类型多样，本书只列举几种常见的类型，如方形、圆形、三角形、四角形、六角形的表现技法。

3.7.1　各类亭子在平面图中的表现

一般亭子在平面示意图上是平面形状和亭顶形状，就是让人可看出或想象出亭子的造型形态（图3-220～图3-223）。

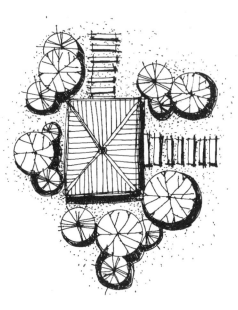

图3-220　方形亭

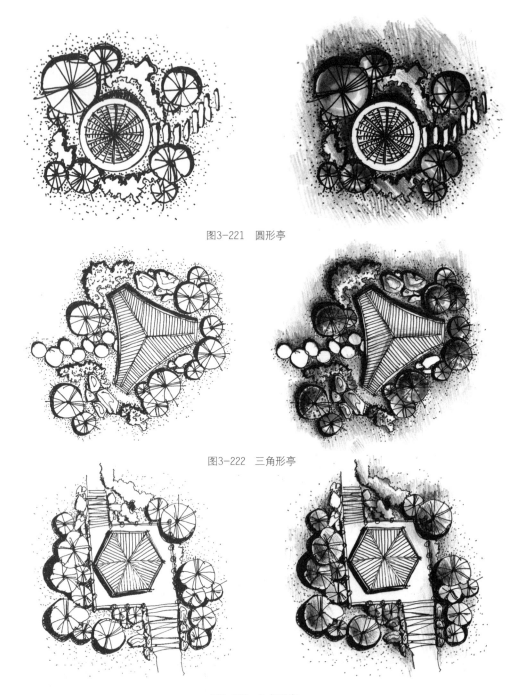

图3-221　圆形亭

图3-222　三角形亭

图3-223　六角形亭

亭子平面表现步骤（以四角亭为例）（图3-224）：

①首先用十字线确定亭子的位置，按比例画出亭子的几何形体——四边形。

②作四边形的对角线，确定亭顶的攒尖和四条脊梁，亭顶攒尖用小圆圈表示，亭脊用双线表示。

③再次绘制亭檐（变曲线）和瓦垄，完成亭子的平面图形。

④添加亭子所处的环境以及相关设施等元素。

⑤选择透视角度、确定构图，绘制亭子钢笔素描线稿。

⑦给亭子上色，要使用朱红色（传统亭子的色彩），能与周围环境色彩形成对比，突出主题。

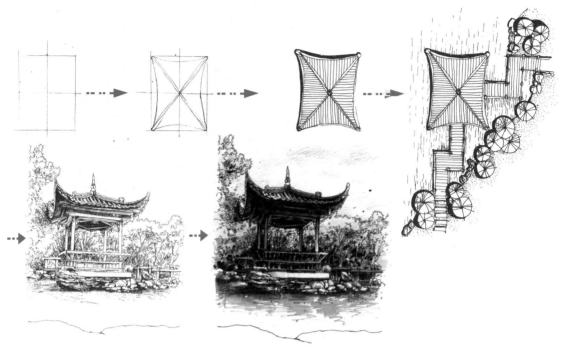

图3-224　亭子平面表现

3.7.2　亭子透视效果图绘制训练

亭子透视效果图如图3-225～图3-237所示。

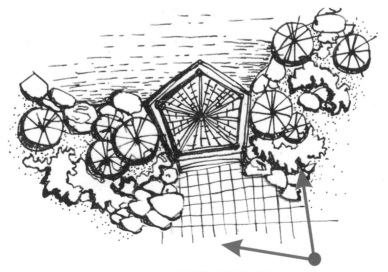

图3-225　亭子透视手绘视点选择

图3-226　五角亭透视效果

图3-227　六角亭手绘线稿

图3-228　六角亭透视效果

图3-229　四角亭手绘线稿及其透视效果

图3-230　亭子及其手绘效果

图3-231　亭子透视效果

沿曲桥漫步，四角亭在视野中若隐若现，四周环绕着绿树，使整个庭院空间具有更强的私密性。

图3-232　亭子1

图3-233　亭子手绘1

图3-234　亭子手绘效果1

　　双层六角亭在一片绿丛、山石、小桥、园路的衬托之下，显得格外秀丽挺拔，营造出优雅、休闲的环境场所。

图3-235　亭子2

图3-236　亭子手绘2

图3-237　亭子手绘效果2

　　木质、古朴、外观雅致的四角亭在水面、曲桥和一片绿树包围之中，与周围环境组成一幅生动的画面。

课 后 作 业 与 练 习

　　（1）收集大量的亭子手绘效果图、平面图、立面图，并对其风格、造型、结构以及表现技法等进行分析总结。

　　（2）分别临摹和写生3张以上不同类型亭子的平面、立面、透视表现图并上色。

3.8

景观标识手绘表现技法

3.8.1　景观标识概念

　　景观标识设计是传递和表达园区等内部与外部的空间和环境而进行的一项身份或形象识别与视觉的引导工作。景观标识通常是以视觉图形及文字形式来传达信息,起到示意、指示、识别、警告,甚至命令的作用。随着人们审美意识的增强,景观标识不仅仅是一个辨别方向、识别公共设施的一个传达物,也是体现一个园林景区或公共活动场所文化特征的重要因素。所以在设计时要从所处区域的文化特征以及环境整体因素方面做全面考虑。

3.8.2　风格类型与表现技法

　　在我国园林景区里最常见景观标识的风格有传统风格与现代风格两种。

　　①绘制传统风格的景观标识时,要注意主体颜色要用与木质相近的色彩,如土黄色、朱红色等,暗面用暗红色或者适当地加点黑色(图3-238～图3-240)。

图3-238　景观标识1

图3-239　景观标识2

图3-240　具有中国传统文化特色的景观标识

②绘制现代风格景观标识时，一般主体用蓝灰色表现，这样色彩明暗的对比较强，同时标识上的文字部分可用一些与主体颜色不同的色彩，用以增强画面的视觉效果，重点突出其功能（图3-241、图3-242）。

图3-241　具有强烈现代文化气息的景观标识

图3-242 造型别致的标识能增强环境景观的趣味性

课 后 作 业 与 练 习

（1）收集大量的景观标识手绘效果图、平面图、立面图，并对其风格、造型、结构以及表现技法等进行分析总结。

（2）分别临摹和写生6张以上不同类型标识的平面、立面、透视表现图并上色。

3.9

园林铺装手绘表现技法

3.9.1　概念

园林铺装是指在园林环境中运用自然或人工的铺地材料，按照一定的方式铺设于地面而形成的地表形式，包括园路、广场、活动场地等。铺装作为构园的一个要素，其表现形式受到总体设计的影响，根据环境的不同，铺装表现出的风格各异，从而造就了变化丰富、形式多样的铺装。

园林铺装不仅有组织交通和引导游览的功能，还为人们提供休息和活动场所，同时还直接创造了优美的地面景观，给人以美的享受，增强了园林艺术效果。如图3-243，为步行小径及统一而富有变化的铺地，色彩丰富，且质感也表达到位，绿化层次分明并构成景观轴贯穿小区。

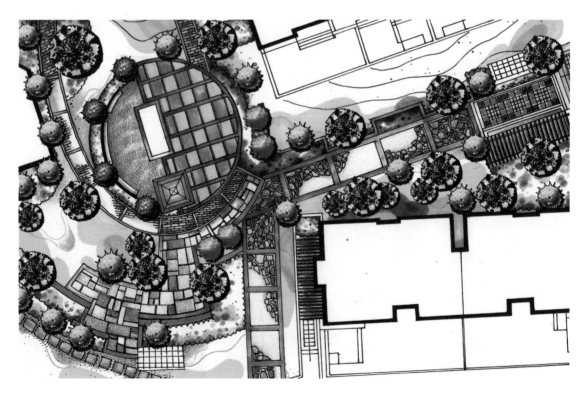

图3-243　园林铺装

3.9.2　铺装的平面表现

①铺装材料的造型本身就是一个图案，不同的造型产生不同的心理感应。比如方形（包括长方形和正方形）整齐、规矩，具有安定感（图3-244、图3-245）。

图3-244　图案式铺装1　　　　　　　　　　　　图3-245　图案式铺装2

图3-246　不规则铺装1　　　　　　　　　　　　图3-247　不规则铺装2

②园林中还常用一种仿自然纹理的不规则形，如乱石纹、冰裂纹等，使人联想到荒野、乡间，具有自然及朴素感（图3-246~图3-248）。

图3-248　园林铺装手绘表现

③园林景观铺装绘制示例（图3-249、图3-250）。

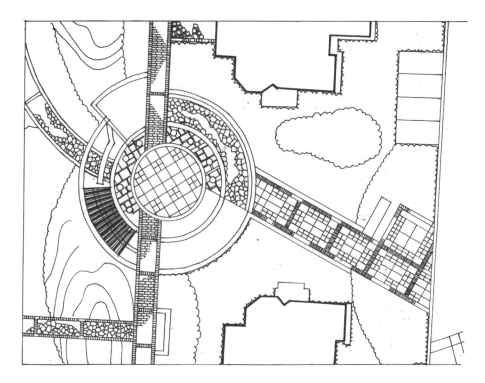

图3-249　园林景观铺装手绘

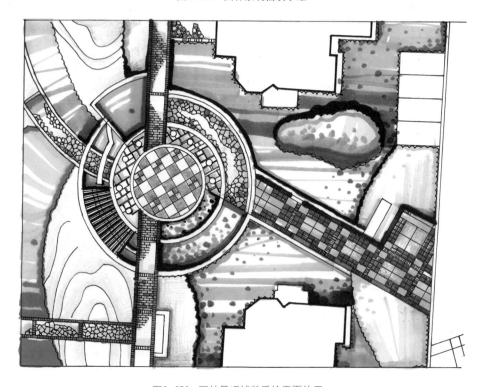

图3-250　园林景观铺装手绘平面效果

3.9.3 园林景观铺装的透视表现

绘制铺装透视效果图时要注意近大远小、前实后虚的透视关系。对于前面的线条要画实些，尽量一笔带过，不要犹豫不决，而且还要注意砖与砖之间的缝隙和阴影的刻画。错落有致而且有一定规律的铺装，比较具有韵律与节奏感。不同的材质相互搭配，也可以反映出不同的质感与氛围。而利用自然造型的碎砖且无规则的铺设，则可营造自然的氛围（图3-251～图3-254）。

图3-251 铺装的透视手绘1

图3-252 铺装的透视手绘效果1

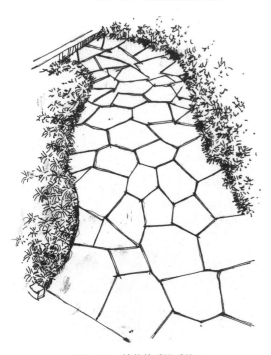

图3-253 铺装的透视手绘2

图3-254 铺装的透视手绘效果2

　　园林铺装一般作为空间的背景，除特殊情况外，很少成为主景，所以其色彩常以中性色为基调。一般灰暗的色调适用于肃穆的场所，但需要在色彩当中点缀一些暖色调，不然很容易造成沉闷的气氛。绘图时要尽量做到稳定而不沉闷，鲜明而不俗气（图3-255）。

图3-255　铺装的透视手绘效果3

　　铺装的形状是通过平面构成要素中的点、线和形得到表现的。线的运用比点的效果更强，直线可以带来安定感，曲线具有流动感。如图3-256和图3-257，人工材料沿着圆滑的曲线有规律地铺设，显得方向感与流动感很强。

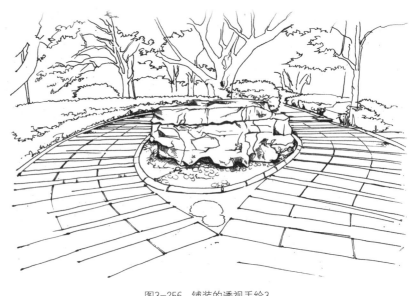

图3-256　铺装的透视手绘3

图3-257　铺装的透视手绘效果4

方格状的铺装产生静止感，暗示着一个静态停留空间的存在（图3-258）。

图3-258　铺装的透视手绘效果5

　　圆形的铺装完美、柔润，是几何形中最优美的图形。水边散铺圆块，会让人联想到水面波纹、水中荷叶（图3-259、图3-260）。

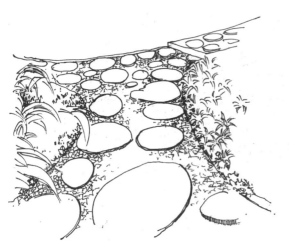

图3-259　铺装的透视手绘4

图3-260　铺装的透视手绘效果6

　　铺装的质感是由于当感触到素材的结构而生成的材质感。例如天然的石块，其纹理自然、质感古朴，使人有回归自然的感觉。在绘制时注意线条的随意性以及虚实变化，色彩可使用自然的蓝灰色调，在粗犷的天然石块上点缀柔和的草叶，这样，使环境画面看起来有强烈的质感对比（图3-261~图3-265）。

　　利用不同质感的材料组合，其产生的对比效果会使铺装显得生动活泼，尤其是自然材料与人工材料的搭配。比如人造石板与自然卵石的搭配，往往能使城市中的人造景观呈

图3-261　铺装的透视手绘效果7

图3-262　铺装的透视手绘效果8

图3-263　铺装的透视手绘5

图3-264　铺装的透视手绘效果9

现出自然的氛围。

　　铺装图案就形式意义而言，尺寸的大与小在美感上并没有多大的区别，并非愈大愈好，有时小尺寸材料铺装形成的肌理效果或拼缝图案往往能产生更多的形式趣味。或者利用小尺寸的铺装材料组合成大图案，也可与大空间取得比例上的协调。如图3-266，小卵石与其拼装的图案、方块的线条形成点、线、面构成图案，整个画面具有很强的装饰性和趣味性。

图3-265　铺装的透视手绘效果10

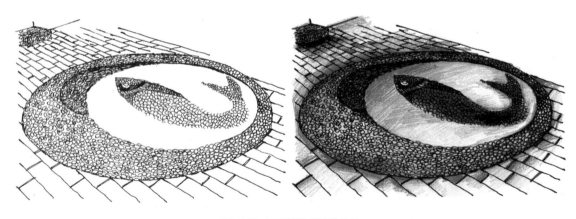

图3-266　图案铺装的透视手绘

课 后 作 业 与 练 习

　　（1）收集大量的园林铺装手绘效果图、平面图、立面图，并对其风格、图案、材质以及表现技法等进行分析总结。

　　（2）分别临摹和写生6张以上不同类型铺装的平面、立面、透视表现图并上色。

3.10
园林景观规划设计其他元素表现

　　园林景观规划设计元素多种多样，如前面没有介绍到的建筑、垃圾桶、灯具、围墙等景观设施，由于其表现技法和前面介绍的技法相似，在此，本书就不做一一详细列举，以简单的手绘作品展示形式，供大家参考或做临摹练习。

3.10.1　建筑外观表现

　　建筑外观手绘表现效果图如图3-267～图3-274所示。

图3-267　景观建筑手绘1

图3-268　景观建筑手绘2

图3-269　景观建筑手绘3

图3-270 景观建筑手绘4

图3-270用两点透视表现酒楼的大门入口部分。流畅的线条、明快的马克笔笔触、背景与主体虚实处理得当，加上彩铅适当的处理，使整个主体表现得淋漓尽致。

图3-271运用两点透视鸟瞰图原理绘制酒楼，使人对建筑造型以及其他细节一目了然。

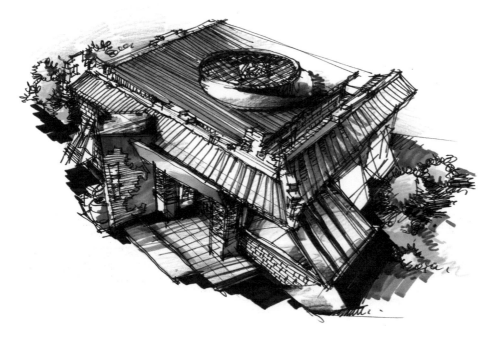

图3-271 景观建筑手绘5

图3-272　景观建筑手绘6

图3-273　景观建筑手绘7

图3-274　景观建筑手绘8

课 后 作 业 与 练 习

（1）收集大量的各种建筑透视效果图，并对其风格、造型、材质、透视关系以及表现技法等进行分析总结。

（2）分别临摹和写生3张以上不同透视原理的透视图并上色。

3.10.2　景观其他元素以及辅助设施手绘表现

（1）垃圾桶

垃圾桶是景区中不可缺少的一个重要设施，垃圾桶设计风格应与景区的风格一致。垃圾桶分为传统、现代、仿生等类型，在绘制时要注意其造型的把握、质感的表现等（图3-275、图3-276）。

图3-275　垃圾桶手绘效果1

图3-276　垃圾桶手绘效果2

（2）灯具

园林景观使用的灯具一般分为地灯、草地灯、路灯、壁灯等，其造型丰富多彩，是点缀园林景区的一个重要因素（图3-277～图3-280）。

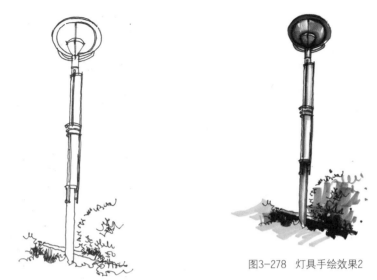

图3-277　灯具手绘效果1

图3-278　灯具手绘效果2

图3-279　灯具手绘效果3

图3-280　灯具手绘效果4

（3）景观围墙

　　景观围墙在园林景观规划设计中应保证某个区域、景点的私密性与安全性。一般有实体围墙、灌木围墙、篱笆围墙等，装饰性较强（图3-281、图3-282）。

图3-281　景观围墙手绘效果1

图3-282　景观围墙手绘效果2

（4）竹子

"宁可食无肉，不可居无竹。"（宋·苏轼《于潜僧绿筠轩》）竹子在景观植物配置运用中比较广泛，尤其是传统中式园林和庭院，随处都可以见到竹子。竹子的绘制其实也很简单，对于成片或密集的竹子在绘制时只需选择前面、中间、顶部的竹竿和少部分叶子进行刻画，适当地留白，并画好竹叶的范围。上色时对于留白的地方进行大块着色，并用重色刻画暗部，对于某些细节可用彩铅进行细致刻画和添加环境色，使整个画面丰富起来，具有立体效果。（图3-283~图3-287）。

图3-283　竹子手绘效果1

图3-284 竹子手绘效果2

图3-285 竹子手绘效果3

图3-286 竹子手绘效果4

图3-287 竹子手绘效果5

课 后 作 业 与 练 习

（1）收集大量以上所讲的各种元素的透视效果图，并对其风格、造型、材质、透视关系以及表现技法等进行分析总结。

（2）分别临摹和写生3张以上不同透视原理的透视图并上色。

chapter 4

园林景观设计图纸绘制训练

Design

4.1

平面图

4.1.1　概念

平面图是园林景观规划设计中比较重要的基本图。平面图是园林景观空间以及植物等景观元素的水平剖切图。通俗简单的说法也就是从一定的高度向下垂直看到的景物（包括投影）所形成的图形称为平面图（图4-1）。

图4-1　园林景观设计手绘平面图

4.1.2　平面图手绘步骤

平面图既表示各个物体的水平方向、各部分之间的组合关系，又反映各空间与围合它们的垂直构件之间的相关关系。为了能了解绘制的一般步骤，本书选定实际案例——广西南宁明阳农香园园林、建筑景观规划设计方案为例，阐述其绘制步骤。

①先画出景区区域图形，划分好各个功能区域、道路以及建筑形状（用细线绘制）（图4-2）。

②绘制主要的步石路、瓜果廊架、亭子、园区景石以及建筑物的平面细化，并用粗实线勾勒各个物体的大致投影（图4-3）。

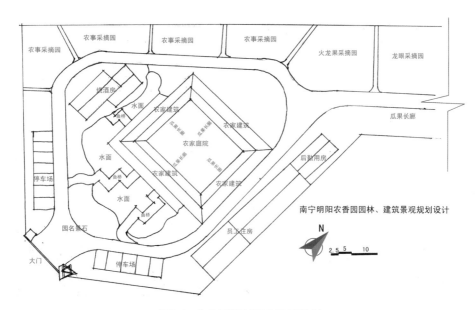

图4-2　使用细线进行区域图形绘制

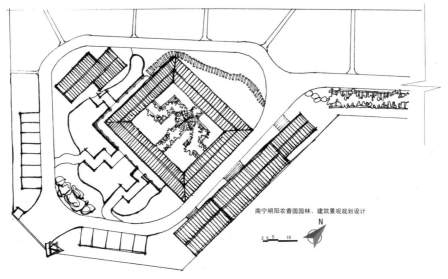

图4-3　细化区域范围景观元素

③绘制绿化和驳岸石，注意植物造型变化，不同的植物其平面图形是不一样的，要注意区分（图4-4）。

④给图中的物体加上投影，注意投影的方向要一致，另外用细线绘制水面波纹，用点砂法绘制草地和采摘园的泥土（图4-5）。

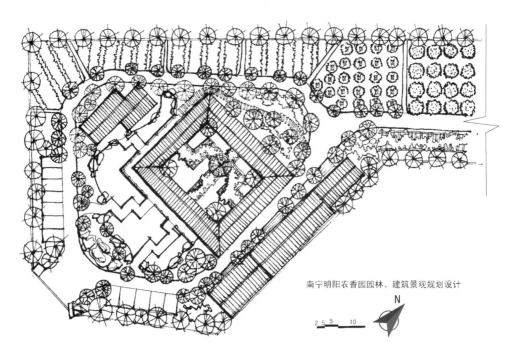

南宁明阳农香园园林、建筑景观规划设计

图4-4　绘制景观植物平面图

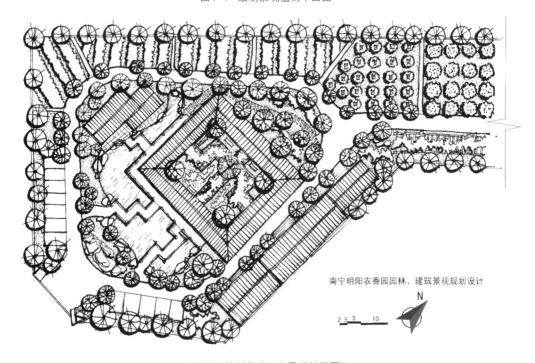

南宁明阳农香园园林、建筑景观规划设计

图4-5　绘制草地、水景后的平面图

⑤给植物、景石、水面等上色，由浅到深进行，要注意色彩搭配与变化。不要机械地认为树木都是绿的，树叶的色彩在不同的季节都有不同的变化，我们可以主观地选择某个季节的色彩进行参考绘制，这样绘制出来的图面色彩更丰富（图4-6）。

⑥用马克笔给建筑主体上色，要注意光影效果，最后对整个画面进行调整与补充，完成整个平面图绘制（图4-7）。

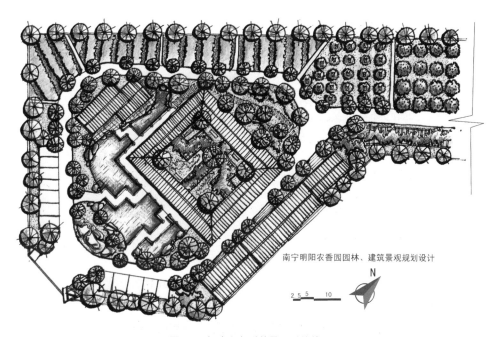

南宁明阳农香园园林、建筑景观规划设计

图4-6　初步上色后的景观手绘效果

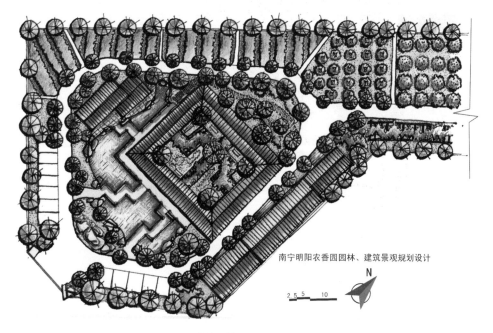

南宁明阳农香园园林、建筑景观规划设计

图4-7　建筑主体上色后的景观手绘效果

4.1.3 平面图手绘训练

如图4-8和图4-9，看似繁琐的画面在作者的精心处理下每个组团、私密空间和公共空间等都各自合理地分布。作者利用浓淡适宜的色彩、疏密有致的线条，使水景、园林绿化、建筑等每个组团都得到了更好的表达。

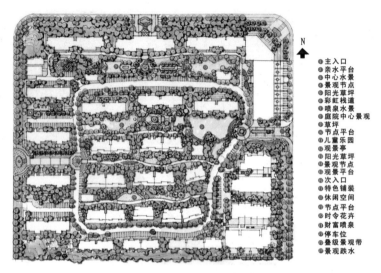

N

① 主入口
② 亲水平台
③ 中心水景
④ 景观节点
⑤ 阳光草坪
⑥ 彩虹栈道
⑦ 喷泉水景
⑧ 庭院中心景观
⑨ 草坪
⑩ 节点平台
⑪ 儿童乐园
⑫ 观景亭
⑬ 阳光草坪
⑭ 景观节点
⑮ 观景平台
⑯ 次入口
⑰ 特色铺装
⑱ 休闲空间
⑲ 节点平台
⑳ 时令花卉
㉑ 财富喷泉
㉒ 停车位
㉓ 叠级景观带
㉔ 景观跌水

图4-8　景观规划设计手绘效果表现1

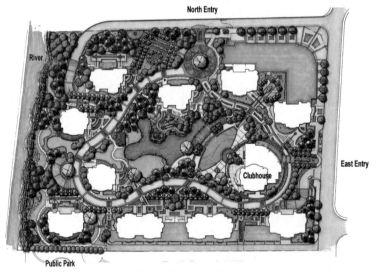

图4-9　景观规划设计手绘效果表现2

课 后 作 业 与 练 习

（1）收集大量的园林景观平面图，并对其风格、布置技巧、材质以及表现技法等进行分析总结。

（2）分别临摹和写生6张以上不同风格类型的平面图并上色。

4.2

立面图

4.2.1　概念

立面图就是物体在直立投影上所得到的图形。通俗上讲是人站在物体外看见的物体的样子（视线必须是垂直的），在与物体立面平行的投影面上所作的物体的正投影图叫立面图。立面图是针对物体的外表面，主要是反映景观在地面上的大致尺度（图4-10）。

图4-10　手绘立面图效果

4.2.2　立面图手绘方法

一般立面图都是以环境中的主体或主要景点来选定观察方向的。在画立面图时必须要考虑较多的地面环境要素，前后要素在画面上会出现遮挡的问题，而且还要考虑到地形落差因素等等。绘制立面图时要标好观察的位置线、方向线和编号（可用英文字母注写），以便看图时容易查找（图4-11）。

立面图的位置、方向以及编号名称应同时注写在立面图的中下方，并用两条同等长度的中实线置于其下（图4-12）。

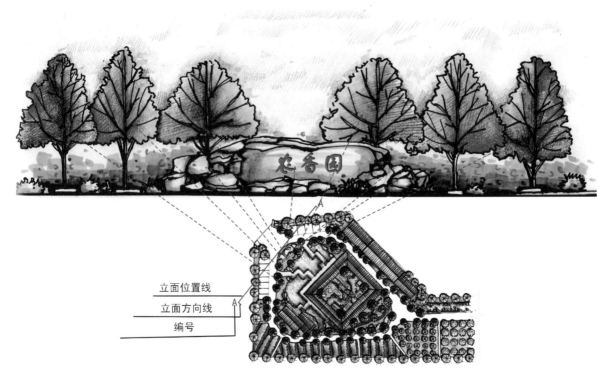

立面位置线

立面方向线

编号

图4-11   农香园手绘效果

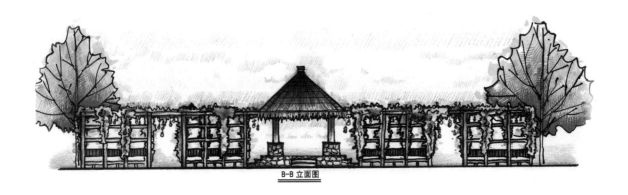

图4-12   农香园手绘立面图效果

4.2.3   立面图手绘训练

如图4-13，立面图是方案深化的一个重要内容，能准确表达设计细节。

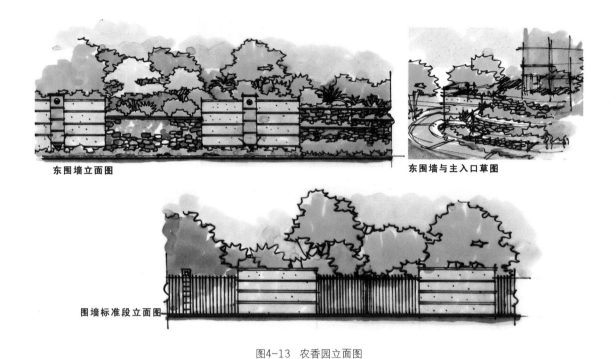

东围墙立面图

东围墙与主入口草图

围墙标准段立面图

图4-13　农香园立面图

课 后 作 业 与 练 习

（1）收集大量的园林景观立面图，并对其风格、造型、材质以及表现技法等进行分析总结。

（2）分别临摹和写生5张以上不同风格类型的立面图并上色。

4.3

剖面图

4.3.1　概念

剖面图就是通常所说的详图，主要用于某造型或地形上面横截面图纸。剖面图是假想用一个剖切平面将物体剖开，移去介于观察者和剖切平面之间的部分，对于剩余的部分向投影面所作的正投影图。主要是反映地面以下地貌形状以及结构等，因此对施工有很大的帮助。

4.3.2　剖面图绘制方法

绘制剖面图时，要标好剖切位置（线）、投影方向、编号的位置（图4-14）。

①剖切位置：用6～10mm长的粗实线表示，要注意剖切线不要和图面上其他图线相接触。

②投影方向：也就是剖切方向，是用4～6mm长的粗实线表示，要注意的是，它是与剖切线一侧垂直的短粗实线。

2-2 剖面图

图4-14　剖面图1

③编号：剖切编号规定用阿拉伯数字，注写在剖切线一侧（图4-15）。

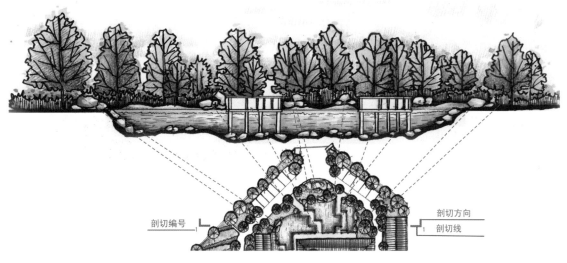

图4-15　剖面图2

4.3.3　剖面图手绘训练

如图4-16~图4-18，剖面效果更能表达方案的细节和重点。马克笔笔触的运用使整个画面色彩层次分明、色块简洁，钢笔线条刚劲有力，突出物体质感，加上适当的文字说明让画面意思表达更清楚。

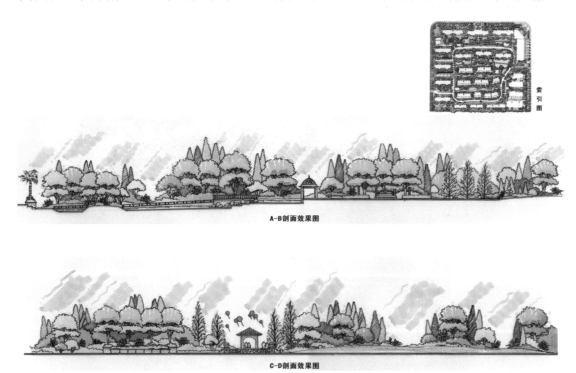

图4-16　剖面效果图

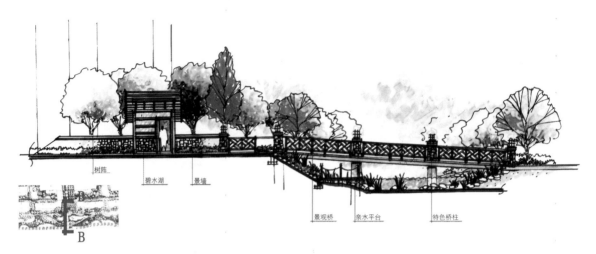

图4-17　剖面图3

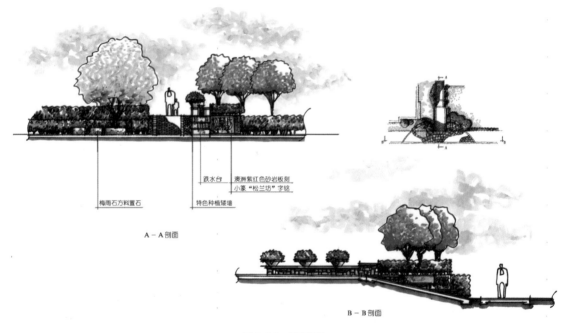

图4-18　剖面图4

课 后 作 业 与 练 习

（1）收集大量的园林景观剖面图，并对其风格、造型、材质以及表现技法等进行分析总结。

（2）分别临摹和写生5张以上不同风格类型的剖面图并上色。

4.4

透视效果图

4.4.1　概念

　　运用透视原理，通过不同的角度和视线高度对所看到的物体和场景根据透视和比例关系绘制出来的图纸就是透视效果图。透视效果图能表现物体和场景之间的立体关系和视觉效果。

　　手绘表现园林景观场景空间整体效果之前，对于所要表现的场景，要认真考虑构图、透视、布局、主要物体的造型特征和光影变化。不要急于下笔，要做到心中有数，特别要注意视平线在画面高低位置的选择，因为这对作品的整体效果有着举足轻重的影响。对于初学者来说，开始构图阶段，将主体景物的骨架用铅笔轻轻地勾画出来，同时对画面中所要表现的植物、建筑物、路面等一些陪衬物，按其形体结构进行勾勒，注意表现物体与物体之间的透视和比例关系，整体画面基本搭建起来之后才能进行深入刻画，然后根据实际需要用彩色铅笔、马克笔等工具进行综合表现。

4.4.2　马克笔、彩色铅笔等综合表现技法（一点透视快速写生表现）

　　①观察画面，确定画面构图和透视关系，查找视平线和主要物体（水面和驳岸）消失点（图4-19、图4-20）。

　　②先用铅笔轻轻地勾画出水面与驳岸及建筑与植物等主要建筑和树的位置和范围，并把握好比例与透视关系，不要急于刻画细部（图4-21）。

图4-19　场景的一点透视效果

图4-20　一点透视分析

③用钢笔勾画初步造型：用各种线条画出物体的基本造型特征，如植物、驳岸、建筑等，并注意对象的比例和透视关系（图4-22）。

图4-21　一点透视手绘之一

图4-22 一点透视手绘之二

④用钢笔深入刻画：深入表现细部及重要特征，如植物的枝干、建筑以及其他物体的细节，在线稿上把基础明暗用线条的疏密和交叉表现出来，形成完整的素描画面（图4-23）。

图4-23 一点透视手绘之三

⑤用马克笔开始上色：确定画面的基本色调，先画大体的植物、建筑物的基本色彩、水面投影的基调等（图4-24）。

⑥用彩色铅笔做细节处理：运用彩色铅笔调整画面色彩的冷暖关系，丰富画面效果。强调运

笔的笔触，颜色不要卜得太满，要添加背景天空的色彩，适当时也可添加一些细部辅助色彩，如植物、水域的色彩（如水面上的紫红色，用以丰富画面效果）（图4-25）。

⑦做整体调整：调整植物、建筑物及环境的

图4-24　一点透视手绘之四

图4-25　一点透视手绘之五

色彩关系，注意阴影的刻画和植物、水面关系的色彩点缀以及整体色彩的调整。用灰色调把各个区域的颜色衔接起来，使它们成为一个整体。同时调整画面的明暗对比，加强近、中、远空间的层次（图4-26）。

图4-26　一点透视手绘之六

4.4.3　彩色铅笔表现技法（两点透视快速写生表现）

彩色铅笔一直以来都深受广大手绘朋友的喜爱，它能快速地产生光影变化，可以轻松地叠加在马克笔或水彩的底图上，画者也很容易混合和控制。彩色铅笔有12色和24色两种套装，也有单独的常被选用的颜色。一般来说我们常用到的颜色有黑色、白色、灰色、粉红、猩红、橙色、浅黄、棕、褐、绿、橄榄绿、草绿、天蓝、靛蓝等。

①构图与透视。先确定画面的构图形式，再观察画面主要物体（桥、岸边等）的消失点的方向，然后确定其画面的透视关系是两点透视（图4-27、图4-28）。

②铅笔线稿的勾画。先用铅笔轻轻勾画出场景的大体构图以及透视角度，确定亭、桥等主要

图4-27　苏州园林

图4-28　两点透视分析

建筑和树的位置，并把握好比例关系，不要急于刻画细部（图4-29）。

③用水性笔或钢笔勾画出场景中物体的大体形状和部分细节（图4-30）。

图4-29 两点透视手绘之一

图4-30 两点透视手绘之二

④利用植物和周围的附属场景弥补主题构图上的不足，完善整体场景，注意对场景中近景、中景和远景的物体进行精细刻画，利用钢笔等工具处理好场景中的明暗以及素描关系（图4-31）。

⑤从浅色向深色过渡，注意留白。由于彩色铅笔有可覆盖性，所以在控制色调时，可用单色（冷色调一般用蓝色，暖色调一般用黄色）先笼统地罩一遍，然后逐层上色后再细致刻画，利用色彩进一步明确场景明暗关系。要注意水面投影的色彩应用以及整个场景的色彩呼应（图4-32）。

图4-31　两点透视手绘之三

图4-32　两点透视手绘之四

⑥在绘制图纸时，可根据实际情况，改变彩铅的力度以使它的色彩明度和纯度发生变化，从而带出一些渐变的效果，形成多层次的表现。最后，进一步地渲染更深的颜色和更丰富的色彩，适当使用重色强化色彩的明暗与对比关系，完成整个场景的绘制（图4-33）。

图4-33 两点透视手绘之五

4.4.4 透视效果图表现技法训练

透视效果图是园林景观规划设计方案的最重要部分之一，是直观地表现设计方案的局部空间效果以及各个造型与空间的色彩、风格等关系，也是一项比较难做的工作。手绘透视效果图是成为一名真正的园林景观规划设计师的一个重要条件。画好透视效果图不仅要有丰富的园林景观规划设计的相关知识，还要有深厚的美术功底、扎实的速写基础、色彩搭配知识及素描关系、空间划分技巧等知识。手绘透视效果图首先要从透视和线条以及景观造景元素开始练习；其次是绘制整个透视场景的钢笔素描线稿、把握各个物体造型在空间中的比例以及透视和素描关系等；再次是运用马克笔、彩铅、涂改笔等工具进行上色；最后是对整个场景效果图进行调整并在各个物体元素上添加环境色，强调色彩或素描的明暗关系等，以丰富画面效果，最终完成效果图绘制。

此图构图合理，运用彩铅绘制，笔触具有方向性和规律性，着重表现清澈的水面、丰富的倒影和生动的石头，简单明了地概括了周围景物，整个画面主次分明，形成了一幅色彩丰富的生动画面（图4-34）。

此组图突显马克笔笔触表现明快的特点，使用彩铅进行合理的过渡，涂改笔画龙点睛的高光，使本来简单的画面变得有生气（图4-35、图4-36）。

图4-34　透视手绘1

图4-35　透视手绘2

图4-36 透视手绘3

此图采用水平式构图，植物高低错落、丰富的色彩运用以及亲水平台紧贴水面，更增强了画面的层次感。水面绘制大胆的用色及利用彩铅对水面倒影进行绘制或过渡，使整个画面更加富有诗意（图4-37、图4-38）。

图4-37 透视手绘4

图4-38　透视手绘5

　　该图用直尺绘制景观建筑、道路以及设施等，线条笔直、刚劲有力，徒手绘制的水面及植物配景等曲线笔触流畅、柔和简洁，使画面呈现一种曲直、刚柔对比的特殊效果，再加上马克笔和彩铅结合使用，使画面更加丰富多彩（图4-39）。

图4-39　透视手绘6

课 后 作 业 与 练 习

　　（1）收集各种园林景观透视效果图，并对其风格、造型、材质、透视关系以及表现技法等进行分析总结。

　　（2）分别临摹和写生10张以上不同透视原理的透视图并上色。

4.5

鸟瞰图表现技法

4.5.1 概念

为了表现园林景观的整体透视效果，展现所设计的景观总体空间特征和各景观要素之间的关系，我们就需要把视点抬高到景物空间的上方进行鸟瞰（俯视）观察，这种透视叫鸟瞰透视，所绘制的图称为鸟瞰图。在透视方法上最常使用一点透视和两点透视的方法来绘制鸟瞰图。一点透视鸟瞰图比较简单，本书不做详细介绍，下面着重介绍两点透视鸟瞰图的绘制。

4.5.2 鸟瞰图手绘步骤

以某休闲广场局部鸟瞰图表现为例，学习网格法绘制。

①先绘制所要表现的休闲广场局部平面图的网格，并标上编号。其中要注意网格的大小要根据所绘鸟瞰图的范围和复杂程度来定，网格越小所绘制的图就越精准（图4-40、图4-41）。

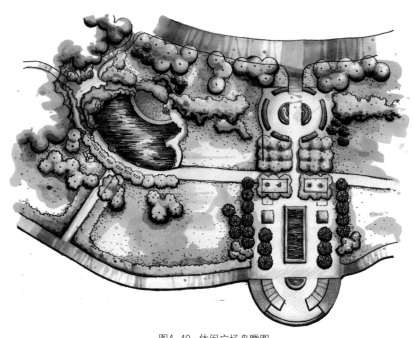

图4-40 休闲广场鸟瞰图

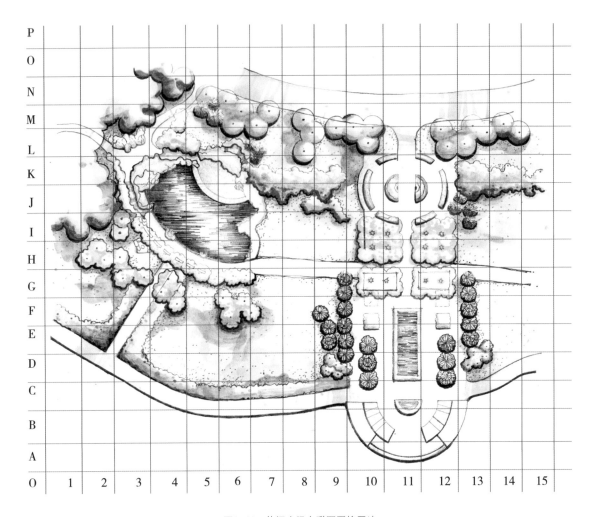

图4-41 休闲广场鸟瞰图网格画法

②在绘制透视效果图之前，我们首先要定好鸟瞰图的角度、消失点和视点的高度（视点高度要根据图面效果需求来定），透视原理、画法与两点透视是一样的（图4-42）。

③根据平面网格的大小，绘制透视网格。透视网格的编号要与平面网格

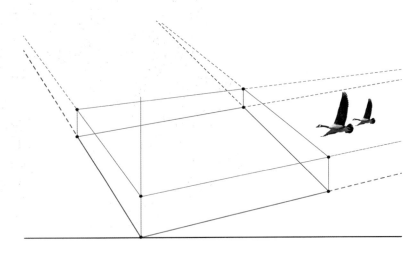

图4-42 视点的确定

的编号一致，这样才能准确地把平面图中的道路、水景、广场、花坛等物体的形状和树木的位置以及范围透视化（图4-43）。

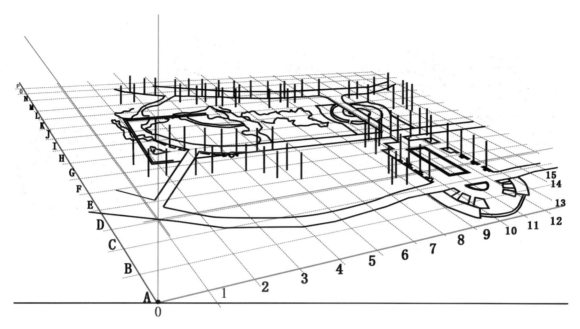

图4-43　根据网格编号定位广场景观元素

④根据网格透视线和视点高度，分别绘制设计要素的透视，根据设定好的光源照射角度，来绘制各个设计元素的明暗，最终调整成为一幅较完整的素描画面（图4-44）。

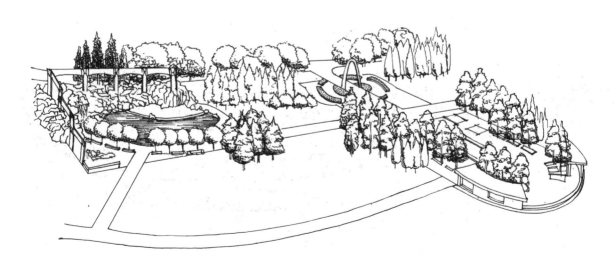

图4-44　广场景观素描效果

⑤上色时由浅到深用马克笔进行绘制，先画树木，再画各个景观设施。完成基本上色后，再用点砂法点上草地，最后用彩铅进行过渡和调整。最终形成完整的休闲广场局部鸟瞰图（图4-45）。

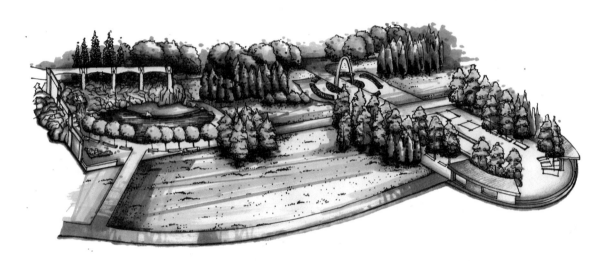

图4-45　广场景观手绘效果

4.5.3　鸟瞰图手绘训练

图4-46主要表现建筑物的造型、分布情况以及道路、景观设施等与之搭配的细节，体现景区功能布局合理，再利用马克笔和彩铅上色，色彩与阴影的合理配合使空间层次更加分明。

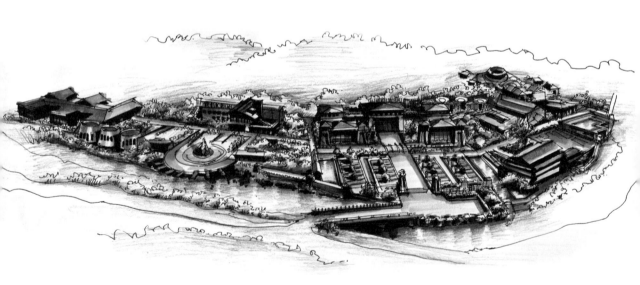

图4-46　西林句町古国景观规划效果图

图4-47采用鸟瞰图来表现，令整体建筑的各个部分造型设计表露无遗，周围的配景简单上色或直接留空，突出了建筑物作为主体的构图意图。

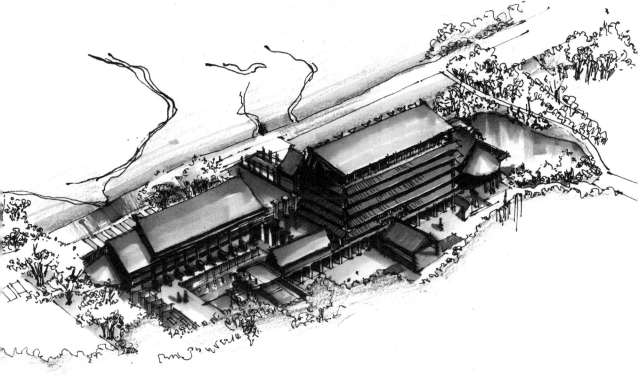

图4-47　西林句町古国景观规划建筑局部

鸟瞰图表现形式让人对该项目具体分布情况一目了然（图4-48、图4-49）。

图4-48　景观规划鸟瞰图手绘效果

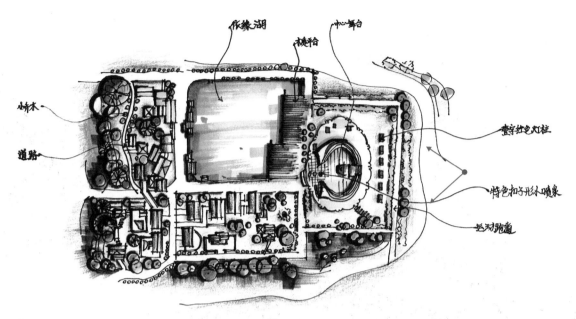

总平面图

图4-49 总平面图的鸟瞰图手绘效果

图4-50根据一点透视原理，用钢笔对建筑主体进行描画，马克笔笔触把建筑主体与铺装材质的质感表现出来，用彩铅对远景或草地等其他部分进行过渡，涂改笔点亮高光，使画面总体层次分明、色彩丰富。

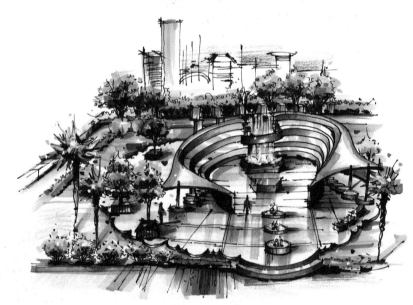

图4-50 局部的透视手绘效果

课 后 作 业 与 练 习

（1）收集大量的各种园林景观鸟瞰图，并对其风格、造型、材质、透视关系以及表现技法等进行分析总结。

（2）分别临摹和写生5张以上不同透视原理的鸟瞰图并上色。

景观手绘表现实战案例

5.1

案例一：广西职业技术学院思明湖区域景观改造设计

5.1.1 基地现状分析

广西职业技术学院思明湖区域位于学院大门入口处，不仅是学院的"门面"而且是主要的休闲、学习场所，地理位置非常重要。目前本区域有大面积的水域，每年定期两到三次的人工抽灌与排放，水质较好。但由于水面缺乏必要的设施，水面造型呆板、利用率不高，水生植物缺乏、水生动物单调，无观赏价值。区域周边的树种有龙眼、荔枝、高山榕等，绿化覆盖率较高。因物种单调，在配置方面缺少必要的灌木和花卉，使整个区域植物无法达到高低错落、四季变化的效果（图5-1）。

图5-1 现状图

5.1.2　设计理念

　　营造现代设计风格与少数民族传统特色相结合的校园景观，实现融学习、娱乐与休闲为一体的功能，让人在学习、休闲之余更深刻地了解广西的历史文化和民俗民风特色，在优美且富有文化内涵环境的熏陶中，提高学生文化品位、审美情趣和人文素养。

5.1.3　设计目标

　　运用现代设计手法，将具广西民族特色的铜鼓、绣球、壮锦以及八桂大地人文景观元素，融入景观建筑、设施小品布局中，打造一个生活化、人性化、民族化的和谐校园环境。实现休闲生活、文化体验、历史传承和陶冶情操的功能。

5.1.4　总体平面规划

　　景观总体规划采用了传统与现代相结合的格局模式与类似的功能化设计，景观功能环境与水景设计理念启迪于现代建筑及和谐校园的风格。多层次不同内容的空间设置可以满足广大师生员工的不同需求。

　　以丰富的植物作为主体绿化，点缀多彩的本地硬质铺装材料，有效地控制整体的景观效果和层次，形成丰富有趣的景观系统（图5-2）。

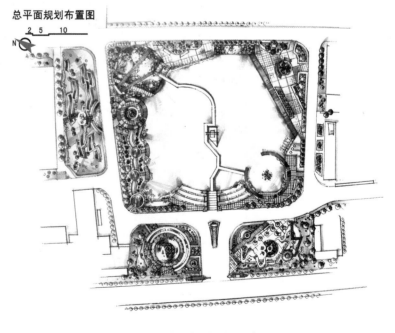

图5-2　总平面图规划手绘效果

5.1.5　景观功能分区

　　本案主要以广西壮族文化为设计主线,划分为四个功能区域,每个区域都体现出不同的特色和形象。丰富的景观层次,也起到了对视线的引导效果。各区域分界承担了公共组团及交通组织功能,形成一个有效的组成系统(图5-3)。

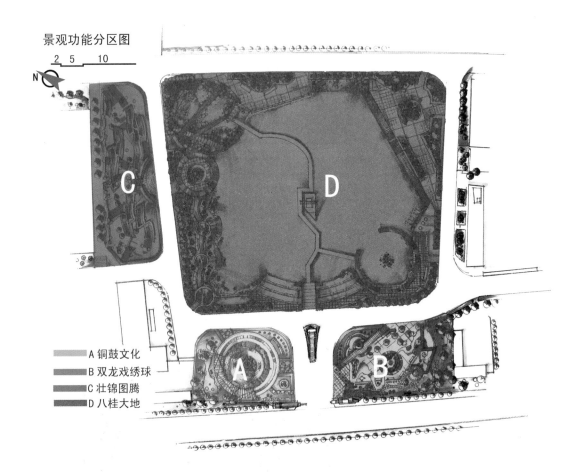

图5-3　功能分区图

5.1.6　景观流线分析

　　明确主交通环道、主要出入口、车流与人行步道的布局,尽量增加人行步道的长度,以达到行人漫步的需求。强有力的视觉轴线和表达形式,将不同的区域融合成一体化的独特景观,通过特色的铺装、树木、灌木、水景等界定每一条道路的特色(图5-4)。

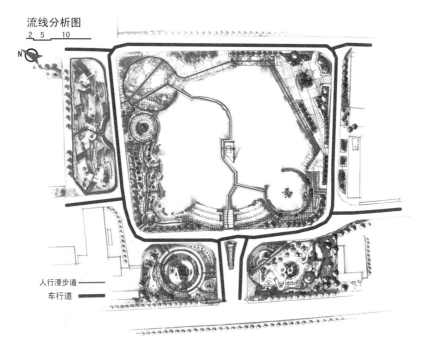

图5-4　流线分析图

5.1.7　景观视线分析

　　一系列不同空间的塑造，根据空间所承担的区域功能设计，尽可能对视线进行引导，形成丰富、有层次的景观效果（图5-5）。

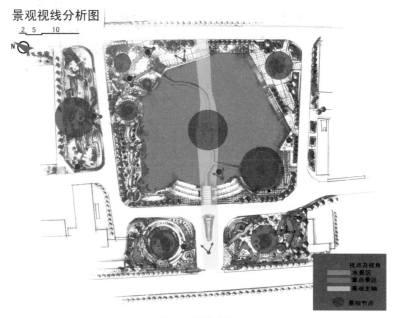

图5-5　视线分析图

5.1.8   景观植物种植设计

原则上以广西本地植物为主，体现四季有绿、三季有花，植物色彩丰富、四季分明。并在保障景观功能的同时，结合组团区域进行特色种植设计（图5-6）。

①行道树以高山榕、白玉兰等为主。
②孤植树以银杏、木棉等为主。
③水生植物以睡莲为主。

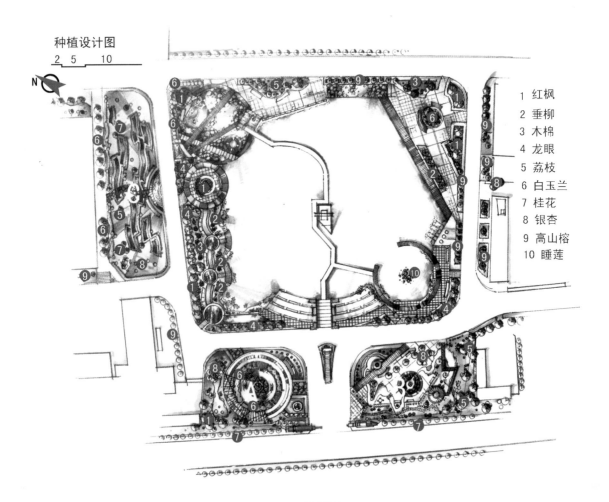

种植设计图

1 红枫
2 垂柳
3 木棉
4 龙眼
5 荔枝
6 白玉兰
7 桂花
8 银杏
9 高山榕
10 睡莲

图5-6   种植设计图

5.1.9　局部设计

（1）大门入口（图5-7）

大门入口景观表现效果如图5-7所示。

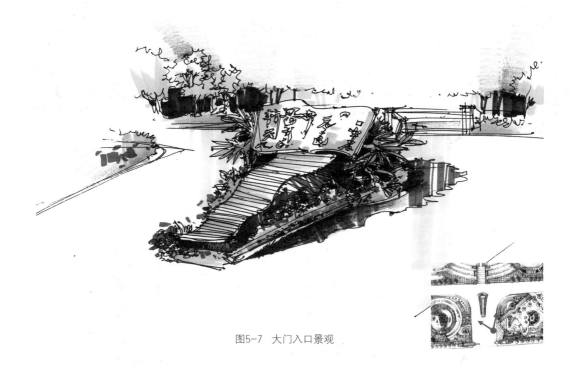

图5-7　大门入口景观

（2）A组团铜鼓文化区

广西是古代生产和使用铜鼓的重要地区之一。"广西土中铜鼓，耕者屡得之，其制正圆，而平其面，曲其腰，状若烘篮，又类宣座。"参照铜鼓的造型把区域设计分为多层圆盘形景观，最外为人行区，内为休息区，动静划分。支撑花架柱子上的图纹和地上的图案及池水上的铜鼓雕塑都是此区域的特色（图5-8～图5-11）。

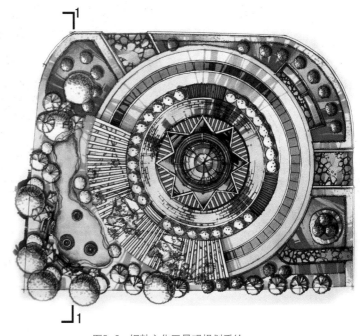

图5-8　铜鼓文化区景观规划手绘

图5-9　铜鼓文化区剖面图

图5-10　铜鼓文化区透视效果图1

图5-11 铜鼓文化区透视效果图2

（3）B组团双龙戏绣球区

广西是壮族之乡，抛绣球是壮族人民最喜闻乐见的传统体育项目。此区域运用了两条人造小溪分割空间，用大理石雕制而成的壮族绣球衔接着两条水流，形成了双龙戏珠（球）的画面。东南边太阳亭区域的景观植物种植是根据传统园林景观来布景的，而西北边的月牙塘区域是运用了现代景观规划来种植，让游人能在同一个地方感受到不同的意境（图5-12~图5-15）。

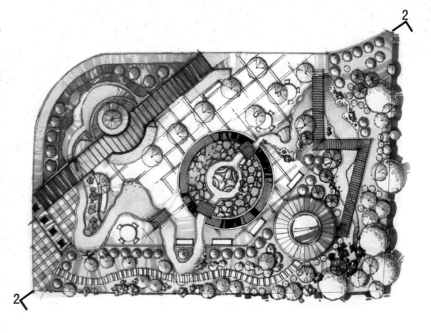

图5-12　双龙戏绣球区平面图手绘

图5-13 双龙戏绣球区剖面图

图5-14 双龙戏绣球区透视效果图1

图5-15 双龙戏绣球区透视效果图2

（4）C组团壮锦图腾区

壮锦图案比较抽象，比较简洁，线条比较明朗。它的美是比较粗犷的美，跟壮族人民坦诚、直率的性格有关。此区域以广西特有文化石组成景观点，从平面上看就像许多飘动着的壮锦。文化石山雕刻着广西壮族人民编织壮锦时的场景和特色壮锦图腾，而文化石群组在植物陪衬下更是富有内涵（图5-16～图5-19）。

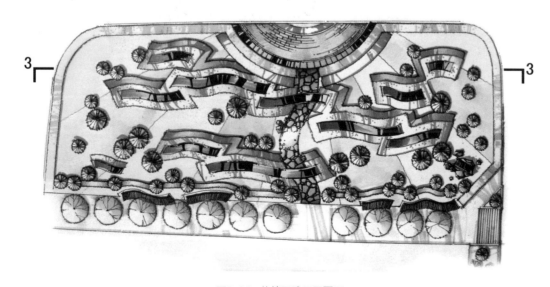

图5-16 壮锦图腾区平面图

图5-17 壮锦图腾区立面图

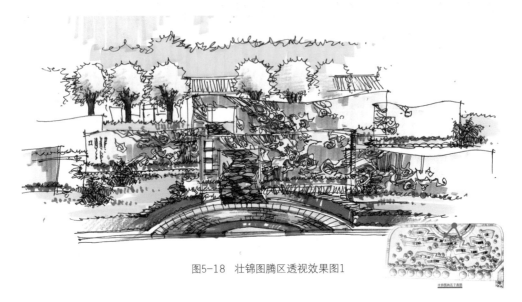

图5-18 壮锦图腾区透视效果图1

图5-19 壮锦图腾区透视效果图2

（5）D组团八桂大地区

归纳广西地域景观特色，加入现代休闲设施。把原思明湖改造成具有动与静、形与色相结合的现代休闲景观区。东北方向是智慧泉，刻有名言的文化石耸立在泉水中；西北方向是亲水平台，平台旁种有许多水生植物，亲近于水并享于自然；西南方向是观荷水台，孤行的木台围绕着湖水中的荷花群，让人能多角度地观赏荷花。思明湖上的休息区让人们能用更宽的视野展望八桂大地（图5-20～图5-25）。

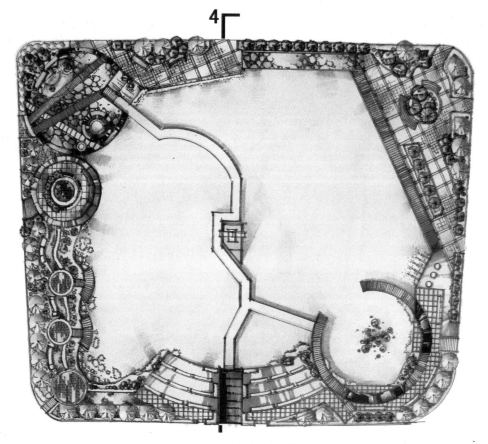

图5-20　八桂大地区平面图

图5-21　八桂大地区剖面图

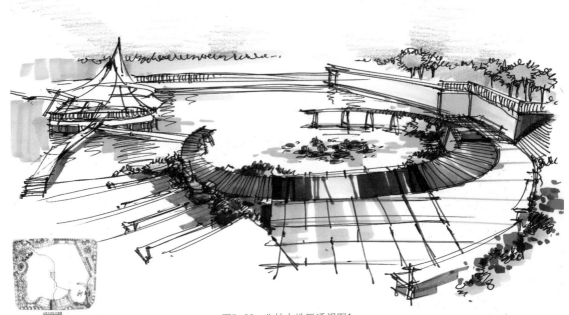

图5-22 八桂大地区透视图1

图5-23 八桂大地区透视图2

图5-24 八桂大地区透视图3

图5-25 八桂大地区透视图4

（6）特色小品

特色小品手绘效果如图5-26所示。

（7）整体鸟瞰

整体鸟瞰手绘效果如图5-27所示。

特色小品

图5-26　小品

图5-27　整体鸟瞰手绘效果

课后作业与练习

（1）了解设计流程，掌握设计方法、细节，收集大量案例，并对其表现技法、设计风格、设计目标、灵感来源等方面进行分析，以总结报告的形式上交。

（2）制作一套实际项目或虚拟项目的园林景观规划设计方案图纸（可分组进行）。

5.2

案例二：广西凭祥民族希望实验学校民族文化园景观规划设计

5.2.1 区位图

区位图如图5-28所示。

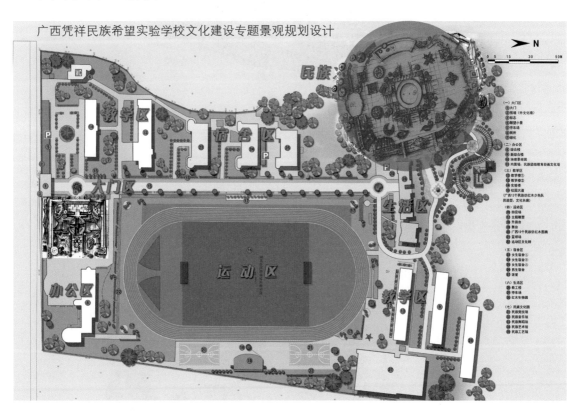

图5-28 民族文化园区位图

5.2.2　总平面图

总平面图如图5-29所示。

广西凭祥民族希望实验学校民族文化园景观规划设计

图5-29　总布置平面图手绘效果

5.2.3　功能分析图

功能分析图如图5-30所示。

广西凭祥民族希望实验学校民族文化园景观规划设计

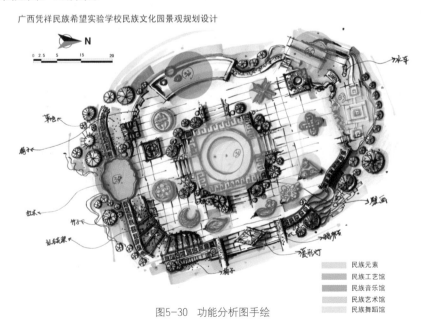

图5-30　功能分析图手绘

5.2.4　景观视线分析图

景观视线分析图如图5-31所示。

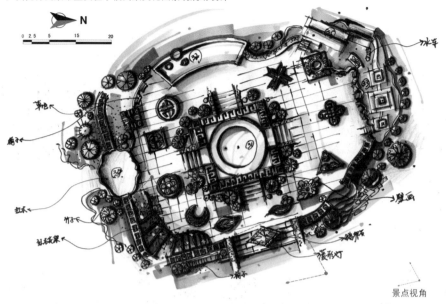

图5-31　视线分析图手绘1

5.2.5　景观视线分析图

景观流线分析图如图5-32所示。

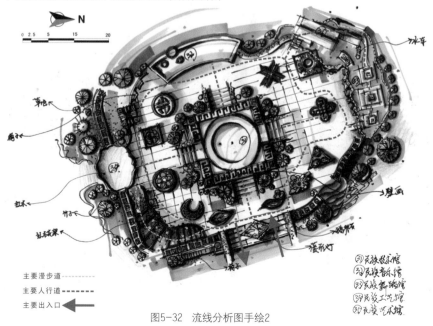

图5-32　流线分析图手绘2

5.2.6　剖面图

剖面图如图5-33所示。

图5-33　剖面图手绘1

图5-34　剖面图手绘2

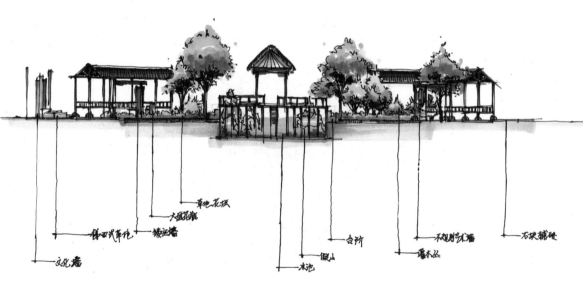

图5-35　剖面图手绘3

5.2.7　透视效果图

透视效果图如图5-36、图5-37所示。

图5-36　透视图手绘1

图5-37　透视图手绘2

5.3

案例三：广西职业技术学院茶艺楼建筑与园林景观规划设计

5.3.1 总平面图

总平面图如图5-38所示。

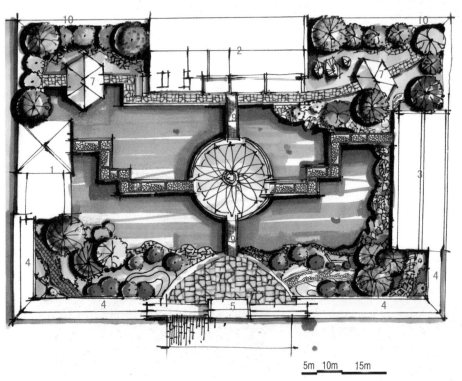

1. 茶叶加工楼
2. 品茶休闲楼
3. 茶叶成品展示楼
4. 回廊
5. 特色大门
6. 茶艺表演台
7. 休闲凉亭
8. 曲桥
9. 拱桥
10. 景观围墙
11. 亲水平台

5m 10m 15m

图5-38 总平面图手绘效果

5.3.2 　流线分析图

流线分析图如图5-39所示。

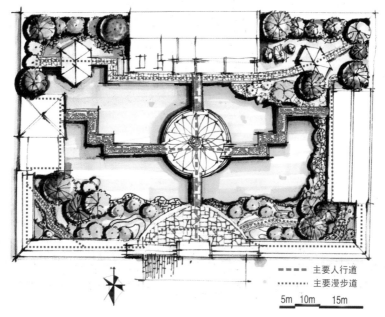

图5-39　流线分析图手绘

5.3.3 　剖面图（图5-40~图5-42）

剖面图如图5-40~图5-42所示。

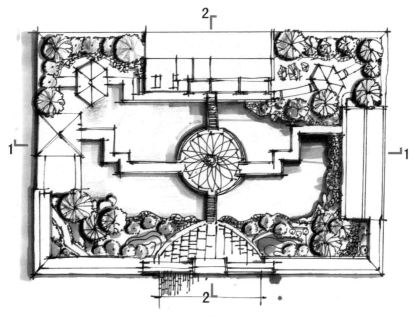

图5-40　剖面图手绘

图5-41　剖面图手绘效果1

图5-42　剖面图手绘效果2

5.3.4　透视效果图

透视效果图如图5-43、图5-44所示。

图5-43　透视效果图1

图5-44　透视效果图2

5.3.5　鸟瞰图

鸟瞰图如图5-45所示。

图5-45　鸟瞰手绘表现

课 后 作 业 与 练 习

（1）对案例进行分析，以总结报告的形式上交。

（2）选择校园或某个主题景观，完成一套手绘效果景观规划设计。

后记

俗话说：得心应手。手绘，就是设计师得心应手的一种体现。设计师的灵感和创意在一瞬间闪现，需要捕捉和呈现出来，手绘就是一种最好的选择。当设计师与客户沟通时，要快速地把设计表现给客户，以体现其设计意图，手绘是一种最好的方式。比起电脑图形，手绘效果图会让人感受到更多的艺术品位。

本书作者多为从事多年手绘教学与工程设计实践的双师型教师，在教材编写上进行了一些新的尝试。本书从树木、山石、水景、建筑等单体入手，逐渐展开对园林布局透视效果图的绘制训练，从而更深一步理解景物的透视关系。实战案例篇对园林景观设计层面的手绘，则真正使学习者从临摹、写生进入到创意设计与表达的境界。

本书主编曾令秋、副主编庞鑫所在学校为广西职业技术学院，副主编覃林毅为广西民族大学相思湖学院艺术设计系主任，副主编赵虎群为河南南阳理工学院艺术设计学院视传系主任。谢谢参与编写者及其所在学校的合作与支持。

曾令秋

2013年8月